国家自然科学基金面上项目（52174230）

煤层瓦斯渗流参数快速测定技术及装备研究

张占存　邹永洺　陈永涛 / 著

中国矿业大学出版社

· 徐州 ·

内容简介

本书主要研究适用于煤矿井下煤层瓦斯渗流参数测定的煤层气压力恢复曲线的方法和技术，并研制配套测定装置，以指导煤矿的瓦斯高效抽采、煤与瓦斯突出防治。采用压力恢复曲线测定方法对12个典型煤矿的19个测压钻孔的煤层瓦斯渗流参数进行了测定，结果表明本书提出的煤层瓦斯渗流参数测定方法适用于煤矿井下瓦斯赋存参数的测试。全书内容丰富，层次清晰，图文并茂，论述得当，具先进性和实用性。

本书可供矿井通风与安全等研究方向的高校教师、研究生以及相关专业工程技术人员参考。

图书在版编目(CIP)数据

煤层瓦斯渗流参数快速测定技术及装备研究 / 张占存，邹永洺，陈永涛著. — 徐州：中国矿业大学出版社，2023.2

ISBN 978-7-5646-5721-5

Ⅰ. ①煤… Ⅱ. ①张… ②邹…③陈… Ⅲ. ①煤层瓦斯—渗流—参数测量 Ⅳ. ①TD712

中国国家版本馆 CIP 数据核字(2023)第 028567 号

书　　名　煤层瓦斯渗流参数快速测定技术及装备研究
著　　者　张占存　邹永洺　陈永涛
责任编辑　王美柱
出版发行　中国矿业大学出版社有限责任公司
　　　　　　（江苏省徐州市解放南路　邮编 221008）
营销热线　(0516)83884103　83885105
出版服务　(0516)83995789　83884920
网　　址　http://www.cumtp.com　**E-mail**:cumtpvip@cumtp.com
印　　刷　苏州市古得堡数码印刷有限公司
开　　本　787 mm×1092 mm　1/16　**印张** 6.75　**字数** 173 千字
版次印次　2023 年 2 月第 1 版　2023 年 2 月第 1 次印刷
定　　价　40.00 元

前　言

煤层气(瓦斯)赋存参数是掌握煤层气赋存与涌出规律,以及进行煤层气产能预测、瓦斯灾害治理、煤层气清洁利用等的基础,因此,煤层瓦斯压力、透气性系数等渗流参数的准确测定就成了煤层瓦斯灾害防治与资源化开采的一项必不可少的基础性工作。

目前,煤层瓦斯压力及含量等渗流参数测定一般采用直接测定法。直接测定法准确性较高,但其对测压地点要求高,同时测定周期太长,不能满足目前采掘工作面的要求,特别是对于具有突出危险的煤巷掘进工作面来说,快速准确地测定前方的瓦斯压力是提高掘进速度和保证掘进安全的关键,而直接测定法很难适应现代化矿井快速掘进的要求。

压力恢复曲线应用技术是基于油田地下水动力学理论推导而来的,这一方法在油气田的开发中已经成为常用的、不可缺少的手段。把应用于油井的一套分析方法和推断用于气井时,在指导安全生产方面的作用与油井是一致的。本书主要研究适用于煤矿井下煤层瓦斯渗流参数测定的煤层气压力恢复曲线的方法和技术,并研制配套测定装置,以指导煤矿的瓦斯高效抽采、煤与瓦斯突出防治。

采用压力恢复曲线测定方法对12个典型煤矿的19个测压钻孔的煤层瓦斯渗流参数进行了测定,结果表明本书提出的煤层瓦斯渗流参数测定方法适用于煤矿井下瓦斯赋存参数的测试。采用压力恢复曲线方法测定煤层瓦斯渗流参数和采用常规方法测定煤层瓦斯渗流参数结果基本一致,但压力恢复曲线方法能在短时间内(为常规方法测定时间的1/10～1/2)测出煤层瓦斯压力等渗流参数,可大大缩短煤层瓦斯等有关参数的测定周期,保证采掘工作的顺利接替,实现煤矿安全高效生产。

在撰写本书过程中,在理论联系实际的基础上,力图使本书能为我国从事煤层瓦斯渗流参数测定技术工作的专业人员提供参考,以达到为矿井安全生产服务之目的。

由于时间仓促,加之作者水平所限,书中难免有不妥之处,恳请读者不吝指正。

著　者

2022年10月

目　　录

第1章 引　言

1.1 研究背景

长期以来,煤炭作为我国能源的基石,在一次能源消费结构中占主导地位。煤炭工业是关系到我国经济命脉的产业,《国务院关于促进煤炭工业健康发展的若干意见》中强调了煤炭工业在国民经济中的重要战略地位。2021年全国原煤产量为41.3亿t,煤炭消费量在一次能源中的占比已由改革开放初期的80%以上下降到2020年的56.8%。但根据我国一次能源生产和消费特点,未来较长一段时期内煤炭仍然是我国的主体能源。《中国能源中长期发展战略研究》显示,到2030年煤炭在我国一次能源结构中的比例还将保持在55%左右。

我国既是世界上煤炭产量最大的国家,又是受煤矿瓦斯灾害影响最为严重的国家。我国煤矿煤层的赋存条件复杂多变,而井工煤矿的煤炭产量占煤炭总产量的80%左右,目前井工煤矿的平均采深达500多米,且每年会以10~20 m的速度增加;随着煤层采深的不断增加,煤矿井下的生产条件会不断恶化,事故隐患会更加严重。巷道在煤矿井下呈管网式布置,而且有多种致灾因素存在,易引发重大灾害和后继性二次灾害,以上特点决定煤矿灾害预防与控制的复杂和困难。当前,国内煤矿事故时有发生,事故的总数仍偏高不下。

另外,据估算,全世界煤矿每年排放入大气的瓦斯量约为300亿m^3。除二氧化碳外,瓦斯也是大气的主要污染源之一,瓦斯的排放大大增加了大气的温室效应。因此,煤矿瓦斯不仅会对矿工生命安全、国家财产构成严重威胁,束缚煤矿的生产能力,也会造成不良的政治和社会影响。所以,煤矿瓦斯的治理工作一直作为煤矿安全生产的工作重点。

多年以来,为掌握矿井瓦斯赋存规律及瓦斯涌出规律、消除瓦斯爆炸源、预防煤与瓦斯突出事故、开发及利用瓦斯资源,国家相关部门组织进行了矿井瓦斯涌出量预测、煤与瓦斯突出防治和煤层瓦斯抽采等一系列技术的攻关研究,取得了一大批重要科研成果,这些成果的推广应用对保证煤矿安全生产起到了积极的作用。在以往的瓦斯治理实践中,国内的煤矿已经探索形成"以煤层瓦斯含量测定技术为基础,以瓦斯危险程度预测技术(瓦斯涌出量预测技术和煤与瓦斯突出危险性预测技术)为依据,以瓦斯防治技术为手段"的瓦斯综合治理的技术模式。要有效地治理煤层瓦斯,需要进行准确的煤层瓦斯涌出量预测工作,它是矿井通风设计、瓦斯抽采设计和煤与瓦斯突出防治等工作的依据。煤层的原始瓦斯压力、瓦斯含量等基础参数是煤层瓦斯涌出量预测的基础依据。因此,煤层原始瓦斯压力、瓦斯含量等基础参数准确测定是所有瓦斯防治技术措施的基础性工作。煤层原始瓦斯压力、瓦斯含量等基础参数值测定的准确性,不但会直接影响矿井瓦斯危险程度的预测结果,而且会间接影响煤层瓦斯防治措施,以及整个矿井的安全生产。

另外,煤层瓦斯既是煤矿生产过程中产生的一种有害气体,也是一种非常规的天然气资源,并且资源量非常大。国内的烟煤和无烟煤煤田,在300～2 000 m埋深范围内,煤层瓦斯资源量为3.146×10^{13} m^3,这相当于常规天然气资源量3.8×10^{13} m^3。煤层瓦斯的燃烧热值与常规天然气的燃烧热值相当,燃烧后产生很少的污染物,属于优质洁净能源。煤层瓦斯作为一种资源量巨大的洁净能源受到越来越多的关注,对其进行资源化利用和商业化开采是必然趋势。近些年来,我国在20多个矿区对煤层瓦斯进行了地面勘探与开发,山西柳林矿区、晋城矿区等地的单井日产气量达4 000～7 000 m^3,对煤层瓦斯开采利用起到了很好的带动作用。煤层瓦斯地面成功开采的经验表明:要成功地在地面开采煤层中储存的瓦斯,除要解决地面钻井工艺、钻井测试模拟和完井工艺等问题之外,最为重要的是正确对煤层瓦斯资源量与产能的评价。在进行瓦斯资源量和产能评价时,对煤层瓦斯含量评价结果的准确性要求非常严格。若瓦斯含量测定结果的误差达到20%,则可直接导致产气井在10年期累计产气量预测误差达50%。所以,煤层瓦斯含量的准确测定是煤层瓦斯地面开采中的一项必备的工作。

现阶段,煤层瓦斯赋存参数测试方法主要基于煤层内部瓦斯的运移规律,凭借现代技术装备对瓦斯基础参数进行测试。其中,瓦斯压力的测试主要基于瓦斯运移理论,在井下施工钻孔,并设置测压气室后封孔、安装压力表,结合瓦斯气体运移规律来测定煤层瓦斯压力;瓦斯含量的测试主要基于瓦斯的解吸规律,利用煤矿井下瓦斯含量测定装备进行井下煤层瓦斯解吸量测定,利用残存瓦斯含量测定装备进行地面瓦斯残存量测定,并通过井下瓦斯解吸数据计算煤层瓦斯损失量,最终将三者相加即可得出煤层瓦斯含量;瓦斯的渗流参数(煤层透气性系数)测试主要基于周世宁院士提出的瓦斯在均质煤层中的径向不稳定流动力学方程,将其流量方程式化为无因次方程式,并进行一定简化后演化出煤层透气性系数的计算公式。

总之,不管是从瓦斯灾害防治和保证煤矿安全生产的角度,还是从将瓦斯当作一种能源进行开发利用的角度来说,煤层原始瓦斯压力、瓦斯含量和透气性系数等基础参数的准确测定是治理瓦斯或利用瓦斯的基本依据。只有详尽地掌握煤层瓦斯赋存的基本情况,才能够为采取行之有效的瓦斯治理措施或进行瓦斯开发利用决策提供依据。

1.2 国内外研究现状

煤层原始瓦斯压力、瓦斯含量和透气性系数等瓦斯参数是进行煤层瓦斯赋存与涌出规律研究的基础,这些参数不仅反映煤层蕴藏瓦斯的能力,而且它们作为煤层瓦斯突出危险程度和瓦斯抽采难易程度等的重要指标,是进行矿井煤层瓦斯防治和瓦斯抽采设计的依据,快速准确测定煤层瓦斯参数对煤矿安全生产起着至关重要的作用。经过几十年来的研究与发展,国内外学者在煤层瓦斯主要特征参数的测试技术和测试装备等方面均取得了一定的成果。

1.2.1 瓦斯渗流理论及渗流模型研究现状

随着对渗流力学的不断研究,国内外学者在煤层瓦斯渗流理论方面取得了丰硕的研究成果,主要研究成果如下。

(1) 线性瓦斯流动理论

线性瓦斯流动理论基于达西定律，20 世纪 40 年代，苏联研究人员利用达西定律研究了瓦斯吸附的瓦斯渗流问题；20 世纪 60 年代，周世宁等从渗流力学角度出发，把多孔介质的煤层看作一种大尺度上均匀分布的虚拟连续介质，认为煤层瓦斯流动基本遵循达西定律，并在我国率先创建了煤层瓦斯流动理论模型。煤层内部瓦斯运移符合达西定律得到了广大学者的普遍接受。

(2) 瓦斯扩散流动理论

随着研究的深入，部分学者提出了瓦斯扩散流动理论，认为煤层中煤屑的瓦斯扩散运动规律符合菲克扩散定律；当瓦斯在煤层中通过大量的各种形式孔道时，菲克扩散定律是适用的。不同采掘工艺下落煤的瓦斯涌出规律、煤与瓦斯突出过程中已经破碎煤体的瓦斯涌出规律、瓦斯含量预测和煤层突出危险性评估时采用煤屑的瓦斯涌出规律等，都可归纳成煤屑的瓦斯扩散规律，皆符合菲克扩散定律。

(3) 瓦斯渗流-扩散理论

随着对瓦斯渗流研究的不断深入，人们对煤层中瓦斯流动和运移规律的认识也在不断提高，国内外众多学者提出了瓦斯在煤层中的流动是“渗流-扩散的混合过程”这一观点，认为瓦斯通过煤层裂隙的流动可用达西定律来描述，而煤层孔隙内的瓦斯运移则可以用扩散理论来解释。A. Saghafi、R. J. Williams、吴世跃等学者均对此理论进行了一定的研究。

(4) 非线性瓦斯渗流理论

在对瓦斯渗流理论的研究过程中，研究者发现很多情况下达西定律与实际煤层瓦斯流动规律存在着一定的偏离。日本的樋口澄志教授基于试验研究发现煤层内部瓦斯的移动遵循幂定律。孙培德据幂定律，首次建立了可压缩性的瓦斯在煤层内流动的偏微分方程式，并由实测的瓦斯流动参数对均质煤层瓦斯流场的流动作了实际计算验证。张志刚等基于试验成果，得到了煤体渗透率与吸附气含量之间的函数关系，建立了考虑吸附作用影响的煤层瓦斯非线性渗流数学模型，该模型表征的渗流阻力更清晰，物理意义更明确。刘明举则对孙培德所提出的幂定律模型进行了修正。姚宇平对达西定律和幂定律进行了数值模拟研究，认为幂定律更为贴近煤层内瓦斯流动规律。杨天鸿等根据高强度快速推进条件下大空间采空垮落区瓦斯运移的特点，按照渗流力学理论，将采空区视为连续的渗流空间，瓦斯在采空区实际是机械弥散和分子扩散引起的散布过程，通风风流流动状态是由工作面湍流向采空区深部层流的过渡状态；基于质量守恒定律和非线性渗流方程，建立了瓦斯扩散-通风对流运移模型。

(5) 瓦斯渗流模型研究

20 世纪六七十年代后，很多学者对瓦斯在煤岩体中的渗流模型做了深入的研究，构建了离散介质模型、等效连续介质模型和双重介质模型等瓦斯渗流模型。基于试验得到的瓦斯渗流模型一般分为等效连续介质模型和双重介质模型。等效连续介质模型仅考虑煤岩体裂隙，未考虑煤的孔隙，此时煤的孔隙间渗透率远远小于煤岩体裂隙间的渗透率；双重介质模型考虑煤岩体裂隙和煤的孔隙，煤的孔隙结构由低渗透性、高储存性能的基质系统和高渗透性、低储存性能的裂隙系统组成，并根据两者之间的质量互换进行各自瓦斯渗流场的求解，一般采用 Warren-Root 双重孔隙多孔介质模型对瓦斯渗流场进行求解。在煤层尚未开采时，原始煤层、煤层的围岩和瓦斯流体组成的多相介质处于动态平衡中；在煤层瓦斯参数测定钻孔施工过程中，煤岩体在应力的作用下发生变形和破坏，变形和破坏对煤岩体的渗透性产生影响，从而使煤岩体的瓦斯动态平衡状态受到破坏，瓦斯运移由一种非平衡状态向新的平衡状态演变。

1.2.2 压力恢复曲线理论研究现状

自 1956 年 P. Jones 提出利用压力恢复曲线确定单井控制地质储量方法之后，压力恢复曲线理论研究和方法应用均取得了较大的进展。谢兴礼提出了基于均质液体平面径向非定常渗流解的压力恢复曲线整理方法，但这种方法在打开程度不完善的油井中并不适用，进而又提出打开程度不完善井压力恢复曲线整理方法。王耀祖提出通过油井压力恢复曲线分析研究注水井的注水强度及工况变化，从而可以计算出注水井的注采比，还能帮助分析注水井工作状况，选择合理的注水强度等。李治平等以缩短测试时间、尽量减少浪费为目的，提出应用压力恢复曲线确定气井产能的方法。该方法与传统方法的不同之处在于考虑了气井钻井完井过程中存在的表皮效应，这样可使计算结果更为准确和符合实际。齐与峰等针对以叠加原理为基础而形成的求解方法不能把已观察到的情况纳入原始模型之中的问题，提出了一种新的解决方法。即先把系统在注采井距之半处分割，并设置为外边界封闭条件；再把脱气油砂体、见水油砂体内的多相流动依据渗流力学原理化解为“扩充单相”流动；最后把已观察到的新情况及分割、扩充后的结果一并纳入定解条件中，经直接求解得到压力恢复表达式。以此为基础，在多种条件下可计算出各自的曲线，为解释工作提供了理论依据。刘鹏超等提出了一种基于地层压力来求取油井控制储量的新方法，避开了基于时间求取控制储量的种种限制，利用压力恢复曲线径向流直线段数据计算出油井实际泄油面积，从而得到油井控制储量，并通过实例分析论证了此方法的可靠性和有效性。曲占庆等通过构建数学理论模型推导出了油井堵水决策指数 f_{PBD} 的计算公式；综合油井残余油饱和度和油井含水上升率指数，采用模糊评判法得到了油井堵水综合决策值，对需要进行堵水的油井采用综合决策值进行选择。白智琳等对大庆探区不同储层不同区块的油气井进行了有目的的试油试采，分析试油试采过程中试井的压力恢复曲线，得到了试井的地层参数。同时对双对数及导数曲线的研究发现了不同油气藏边界类型：一条边界、封闭边界、双重介质储层、定压边界，揭示出地下储层地质特征，为合理取得原始有用地质资料、确定油井高饱和压力关井初始点及裂缝储层压裂前射孔相位等提出相应措施，为油气田开采提供了可靠数据。

随着压力恢复曲线理论的丰富与发展，煤炭行业的科研工作者将其引入瓦斯渗流领域。1986 年，煤炭科学研究总院抚顺分院就应用压力恢复曲线测试煤层瓦斯渗流参数进行了尝试。随后，一些学者对此理论和方法进行了研究。其中，刘明举等提出了基于瓦斯压力恢复曲线的富水煤层测压结果的修正方法；通过对测压钻孔周围瓦斯压力和水压力曲线分布的分析，发现测压钻孔内瓦斯压力恢复曲线为双曲线形，水压恢复曲线为直线形；针对不同形态的恢复曲线可以用修正方法剔除钻孔内水压对测压结果的影响，得到煤层原始瓦斯压力。王国际等也得到了相似的结论，并通过在寺河矿三水沟对钻孔瓦斯压力恢复曲线的测定验证了上述结论。王建涛等依据达西定律和质量守恒定律，对下向穿层钻孔周围煤层内瓦斯和水的流动分别建立了数学模型，结合气体状态方程，计算得出两条压力恢复曲线都为双曲线。

1.2.3 瓦斯参数测试技术研究现状

(1) 煤层瓦斯压力测定技术

煤层瓦斯压力不仅是煤与瓦斯突出危险性鉴定的关键指标，而且对煤层瓦斯渗透特性、采动应力以及煤层的力学性质等都有一定程度的影响。因此，掌握煤层瓦斯压力对煤矿安全生产起着至关重要的作用。

在对煤层瓦斯压力进行测定时，主要采用瓦斯压力间接测定法和直接测定法。瓦斯压力间接测定法一般用于难以进行直接测压的条件，由于计算准确性依赖于其他瓦斯参数，该方法只能作为参考，故在大部分情况下普遍采用直接测定法来测试瓦斯压力。针对煤矿井下复杂的地质条件，许多学者对瓦斯压力测试技术做了大量的研究。其中，代志旭等为了提高本煤层钻孔原始瓦斯压力的测定精度，根据煤层钻孔周围应力分布规律，探讨了煤层钻孔封孔装备和封孔材料性能，研究了在不具备施工穿层钻孔的地质条件下，采用煤层钻孔来测定瓦斯压力的方法。经过试验，确定了在普通硅酸盐水泥中掺入质量分数为5%的铝酸盐水泥作为煤层瓦斯压力测定的封孔注浆材料，并综合采用胶囊、复合材料、聚氨酯等材料封孔；通过与同一试验地点穿层钻孔的瓦斯压力测定数据对比，发现采用煤层钻孔与穿层钻孔测定的瓦斯压力相近，相近度在97%以上。许彦鹏等提出由于围岩松软、易破碎、易垮落，难以成孔，在真实煤层瓦斯压力难以测定的条件下，采用双套管带压注浆封孔方法进行封孔测压，并且经试验验证该方法较好地封堵了含水层裂隙，可准确测得煤层原始瓦斯压力。刘垒等提出在遇到裂隙水影响瓦斯压力测定结果的情况下，先带压注浆封堵水源，再利用胶囊-黏液封孔，然后采用主动测压技术可以快速准确地测定煤层瓦斯压力。林柏泉等针对含水煤岩层瓦斯压力测定困难的现状，分析了含水煤岩层瓦斯和水压平衡的关系，发现上行孔先排水后排气、下行孔先排气后排水的规律，围绕先把测压钻孔中的水放出的思路，发明了上行测压钻孔测压水压剔除仪和下行测压钻孔测压水压剔除仪；在现场进行了试验，试验结果表明，煤层瓦斯测压水压剔除仪能把测压钻孔中的水放出来，消除了水压对瓦斯压力的影响。李晓伟等建立了动态水锥突破钻孔界限理论模型，分析认为瓦斯压力测定过程中放空时瓦斯流量最大、水锥突破速度最快，封孔后气体流量减小后影响变小，进而推导出了动态水锥上升过程中突破钻孔界限的时间与瓦斯流量、煤层厚度、钻孔深度及煤的孔隙率的关系式。覃佐亚等提出在目前普遍采用的瓦斯压力测定方法中，由于泄压半径以及封孔长度等因素的影响，所测得的压力存在较大误差，不能准确反映煤层中的瓦斯赋存状况；通过对上行超长钻孔瓦斯压力测定方法的研究，解决了法距过小而使测点处于泄压范围内的问题；同时，采用高压水泥浆封堵裂隙能够更好地保证封孔的质量，从而使所测定的煤层瓦斯压力更为接近原始瓦斯压力。

(2) 煤层瓦斯含量测定技术

煤层瓦斯含量是进行矿井瓦斯等级鉴定、煤层瓦斯抽采设计和煤层突出危险性鉴定等的关键依据。煤层瓦斯含量除了与煤变质程度有关外，还与成煤后瓦斯的扩散条件、运移条件和煤层赋存瓦斯的能力密切相关。

瓦斯含量测定方法可分为间接法和直接法两类。间接法一般根据瓦斯含量的计算公式，进行有关参数的实验室测定，再将现场测定的煤层瓦斯压力代入，从而求出煤层瓦斯含量。间接法测定值的准确与否取决于煤层瓦斯压力测定的准确性和实验室对煤的灰分、水分、温度等参数校正的准确性。直接法又分为地勘瓦斯含量解吸测定法(以下简称地勘解吸法)和井下瓦斯含量解吸测定法(以下简称井下解吸法)。地勘解吸法最早是由美国矿业局于1973年研究提出的,煤炭科学研究总院抚顺分院对该法进行了改进。与早期的密闭罐法和集气法相比较,采用地勘解吸法对煤层瓦斯含量进行测定,瓦斯含量测定的成功率和可靠性有很大幅度提升,但瓦斯含量的测定值一般都偏低,且有随孔深增加而误差加大的趋势,其主要原因在于煤芯取样过程中煤样漏失的瓦斯损失量计算方法不尽合理。井下解吸法是以地勘解吸法的基本原理为基础,并对其进行改进和发展形成的。井下解吸法在煤矿井下本煤层和邻近层瓦斯含量测定中被广为采用。与地勘解吸法一样,井下解吸法也存在煤样采集过程中煤样漏失瓦斯量补偿方面的误差问题。四十多年以来,国内外很多学者对瓦斯含量直接测定法进行了深入的研究,取得了丰硕的成果,法国、德国、澳大利亚、美国、英国和中国等国家的学者结合不同的使用条件和煤层地质条件做了很多的研究。例如,1970年,法国的贝尔等研究了井下水平钻孔采取煤样(粒径1~3 mm)的初始补偿问题,认为煤样暴露时间在35 s以内瓦斯解吸符合$\sqrt{t}$关系,初始补偿量一般为瓦斯解吸量的10%。1973年,美国的吉赛尔等将贝尔的研究成果应用在地质勘探钻孔中,采用普通煤芯管在垂直钻孔底部取煤芯,当取芯管提至钻孔孔口后,将煤芯装到密封罐内,进行现场测定和实验室试验测定;研究结果表明,瓦斯解吸量与瓦斯解吸时间呈线性关系,并可保持8~10 h。英国在井下也采用$\sqrt{t}$法,但英国学者认为$\sqrt{t}$法规律不是总能保持的,不适用于解吸速度不同的混合气体(如CO_2和CH_4),故常采用kt^n法,n值取决于煤变质程度,介于1/3~1/2之间,一般用来计算最初3~4 min释放的瓦斯量。德国学者认为煤中瓦斯解吸开始阶段呈幂指数关系[$Q=V_1t^{1-k_t}/(1-k_t)$],采用的煤样粒径为0.4~0.64 mm,一次测定取10 g左右煤样,适于暴露时间不超过2 min。根据相关文献,德国在煤矿井下和实验室进行煤层瓦斯解吸试验时未发现k_t值大于或等于1,但美国等国家在一些煤层中进行瓦斯解吸试验时均发现过k_t值大于或等于1。我国经实际考察也发现有k_t值大于1的情况(如松藻煤矿K_3煤层、涌山煤矿三煤、四角田煤矿二股煤等),且通常为突出危险煤层。后来德国学者研究指出,幂函数的应用条件是瓦斯解吸量不超过原始瓦斯吸附量的2/3。煤炭科学研究总院抚顺分院、重庆分院等多家科研单位分别研究了多种补偿模式及其适用条件。澳大利亚则通过在煤矿井下采取煤芯,根据采取煤芯的完整性情况,采用kt^n法进行补偿,在实验室对煤样进行粉碎,在常压条件下测定自然瓦斯含量,把测定的结果作为煤层煤与瓦斯突出危险性预测和煤层气地面开采的基本依据。近年来,瓦斯含量测试技术取得了长足的进步。齐黎明等提出了新型煤层瓦斯含量测定原理,根据煤芯瓦斯总量守恒,从理论上对取芯前的煤芯瓦斯漏失量进行分析,采用新型煤层瓦斯含量取芯仪器进行取芯试验,并测定瓦斯含量。结果表明,取芯前的煤芯瓦斯漏失量约占煤芯瓦斯含量的10%;取芯仪器既能取到比较完整的煤芯,也能通过其内密闭液达到对煤芯的严密包裹;采用取芯仪器测定瓦斯含量与传统的煤层钻屑解吸法相比较,它既能确保钻取煤芯全部来自设计取样深度的煤层,又能大幅度减少煤层瓦斯损失量。吴观茂等以地勘期间实际测得的煤层瓦斯含量和地面钻孔揭煤资料为依据,把煤层瓦斯含量作为因变量,把煤层埋深、煤层厚度和煤层上下顶底板的岩性等6个影响瓦斯含量的因素作为自变量,对多影响因素采用逐步回归法构建了煤层瓦斯含量计算数学模型。程五一等利用工作面煤层相对瓦斯涌出量反向解出瓦斯含量。林柏泉等采用灰色理论，构建了瓦斯含量预测灰色理论模型，应用残差模型修正了瓦斯含量预测模型，并对瓦斯含量测定模型进行了实际应用。张许良等对影响瓦斯含量的地质因素进行研究，得到了各地质因素影响下的煤层瓦斯含量变化规律；并结合矿井已采区域的煤层瓦斯含量实测结果和相关影响瓦斯含量的地质因素，以数量化理论为基础，建立了煤层瓦斯含量预测的多因素数学地质模型；利用构建的数学地质模型对矿井未采地区的瓦斯含量及瓦斯涌出量进行预测，结果表明，采用多因素数学地质模型对煤层瓦斯含量及瓦斯涌出量的预测效果好，从而使瓦斯含量及涌出量预测规范化和定量化。

(3) 煤层渗透性测定技术

煤层透气性系数是评价煤层瓦斯抽采难易程度、设计瓦斯抽采系统和考察保护层开采效果的重要参数之一，准确测定煤层透气性系数具有十分重要的意义。

对煤层透气性系数的测定方法可分为实验室测定法和现场测定法。在实验室很难模拟现场情况，只能进行定性的、规律性的研究。现场测定法总结起来可分为压力法、流量法和渗透率法。其中，压力法主要包括马可尼压力法、克氏压力法；流量法主要包括克里切夫斯基流量法、径向流量法；渗透率法主要包括 K-λ 法、煤层气试井法。在煤矿井下煤层透气性系数测试中，我国目前普遍采用径向流量法。

1.2.4 瓦斯参数测试装备研究现状

(1) 瓦斯压力测试装备

在瓦斯压力测试方法中，最早应用较多的为被动式测压方法。其主要采用黄泥、水泥砂浆、胶圈、胶囊等进行封孔测定，长期以来一直被国内外采用。由于该方法对钻孔周边微裂隙缺乏封堵能力，故而只适用于钻孔周围微裂隙不大的致密岩石段的封孔，在松软岩层及煤层中容易发生瓦斯泄漏而造成所测瓦斯压力偏低。主动式封孔测压方法在20世纪80年代由周世宁院士等提出，其基本原理是“用固体封液体、用液体封气体”，且封孔液体的压力始终高于瓦斯压力。目前，主动式封孔测压方法主要有胶圈(囊)-压力黏液封孔法、胶圈(囊)-三相泡沫流体封孔法，这些测压方法对于准确测定煤层原始瓦斯压力起到了一定的积极作用。“十五”末期，在周世宁院士领导下，针对原有主动式封孔测压方法存在的缺陷，研发了新型封孔胶圈(囊)材料和三相泡沫，改进了充气补偿快速测压装置，利用电压力传感技术改善了瓦斯压力显示系统，实现了瓦斯压力参数的自动采集与显示，并在多个示范矿井进行了试验研究，取得了较好的结果。随着对瓦斯压力研究的不断深入，瓦斯压力测试装备研制取得了长足的发展。在煤田地质勘探钻孔测压方面，李子章等采用新型孔底电子压力传感器，并结合地勘钻孔测量的特点，对装载压力传感器的钻具采用全新的结构设计，较好地解决了钻具下钻与起钻过程中容易诱发孔内事故等问题，提高了瓦斯压力测量精度和效率。马尚权等经过分析和模拟直接测定法中钻孔与封孔器之间的流体泄漏形式和影响因素，开发了承压三相泡沫瓦斯压力主动式测定仪，对煤层钻孔的裂隙有较好的密封作用，现场试验效果良好，取得了四个钻孔平行测定、高度一致的好成绩。孙丙周等提出通过观测压力表变化而确定煤层瓦斯压力时，存在压力表精度不够、观测费时费力、读数误差大等问题，将存储式电子压力计应用于井下瓦斯压力实测，解决了压力表在测压工作中的不足问题，存储式电子压力计在瓦斯压力测定中具有精准性、连续性、抗震性和便捷性等优点。刘明举等针对传统封孔材料在含水煤层钻孔经过裂缝带情况下应用时凝结时间长且容易收缩、干裂而导致密闭性差等问题，研发了一种在传统水泥浆基础上加以改进的新型封孔剂，并将其应用于某矿井高压注浆封孔工艺。应用结果表明，该新型封孔剂的凝结时间约为 12 h；采用该新型封孔剂封孔时煤层瓦斯压力测定结果较传统封孔材料可靠，且堵水效果更好。刘三钧等以流体力学、牛顿摩擦定律等为基础，建立了钻孔密封机理模型，得出了钻孔周边缝隙流体流动及泄漏量计算公式，分析了改善钻孔密封效果的影响因素；在此基础上研发了具有两端封闭注浆室的新型煤层瓦斯压力测定封孔技术装备，提高了煤层瓦斯压力测定的准确性。

（2）瓦斯含量测试装备

对于煤层瓦斯含量测定技术及装备的研究，国内外的专家、学者做了大量的工作，并取得了一批具有参考意义的成果。苏联广泛采用煤芯采取器法确定煤层原始瓦斯含量。澳大利亚的煤层瓦斯含量快速测定技术则可以在数小时内测定工作面前方 100～200 m 范围内的煤层瓦斯含量。该技术不但能够测定煤层瓦斯含量，而且可以确定其分布以及瓦斯抽采或释放的效果。其成果可以使技术和管理人员在生产计划制订之前就能对未来采掘工作面的瓦斯涌出有一个定量的了解，从而避免制订计划的盲目性，使安全措施有据可依、有的放矢。我国在 1978—1984 年期间，煤炭科学研究总院抚顺分院于良臣等在我国部分煤田进行工业性试验的基础上，对 1973 年美国矿业局提出的地勘解吸法进行了改进，完善了测定中所用的成套仪器和工具，并于 1984 年制定了标准《煤层瓦斯含量和成分测定方法（解吸法）》（后被标准《煤层气测定方法（解吸法）》所取代）；“七五”期间研制了 GWRVK-1 型等压瓦斯解吸仪和定点煤样采集器；“八五”期间研制了 ZAMG-1 型自动化地勘瓦斯解吸仪，使瓦斯含量测定成功率提升到 90%以上。近些年，针对煤矿现场对于快速测定瓦斯含量的要求，中煤科工集团沈阳研究院研制了 WP-1 型井下煤层瓦斯含量快速测定仪、重庆研究院研制了 DGC-1 型瓦斯含量直接测定装置，使瓦斯含量的测定时间明显缩短、测定成本明显降低。此外，景兴鹏研制出基于煤层钻孔直接机械密闭取芯的瓦斯含量测试装置，使瓦斯解吸和取芯装置一体化。装置设计的联动关闭部件实现了孔内取芯密闭，消除了传统取芯装罐程序，解决了煤芯暴露时间长、瓦斯逸散量大的问题。机械密闭取芯现场试验结果表明，该装置实现了在煤层钻孔内直接密闭取芯功能，简化了测定流程，提高了煤矿瓦斯含量测定精度，并可最大限度地减少煤样暴露时间。杨宏民等基于煤的瓦斯解吸速度法研制了井下便携式煤层瓦斯含量快速测定仪，该仪器可在 30 min 内测出井下现场煤层瓦斯含量，大幅缩短了瓦斯含量测定周期，并提出了煤层瓦斯含量快速测定仪的关键技术。

（3）煤层渗透性测试装备

煤层透气性系数测试装备近几年更新较慢，仍采用井下常用设备，主要包括 5 种设备和材料，主要有打钻设备，包括钻机、钻杆、钻头；封孔设备，包括 M-Ⅱ测压封孔仪、注浆泵、黏液泵、注浆管；封孔材料，包括水泥、聚氨酯；连接设备，包括二通、三通、测压管；测量设备，包括压力表、流量计。

综上所述，多年来国内外学者在煤层瓦斯渗流理论、煤层瓦斯赋存参数测试技术及装备方面进行了大量研究，并在各方面取得了很大的进展。但随着目前采掘技术装备的发展及对“以人为本、生命至上”的安全理念的重视，瓦斯赋存参数的测试技术还不能满足发展的要求。如瓦斯含量测试方面，由于直接测定瓦斯含量方法需要建立补偿瓦斯损失量的方法，容易由于损失瓦斯量的推算带来误差；间接测定瓦斯含量方法需要测定煤层瓦斯压力及进行等温吸附试验，测定周期长。瓦斯压力测试方面，直接测定瓦斯压力方法费时费力且对测压地点要求高;间接测定瓦斯压力方法的测定结果往往不太准确,很难适应现代高产、高效采矿技术的需要。因此,很有必要开展煤层瓦斯压力等参数快速测定技术与装置的研究。

1.3 本书研究的主要内容

压力恢复曲线被广泛应用于油气井的产能预测及地层压力测试。本书研究就是借鉴油井开发过程中压力恢复曲线理论,结合煤层的赋存特点和井下穿层钻孔施工前后的瓦斯渗流演化规律,提出用于煤层瓦斯渗流参数测定的压力恢复曲线方法,并对影响压力恢复曲线的因素进行模拟分析,实现对煤层渗流参数的准确测定,以指导煤矿瓦斯高效抽采、煤与瓦斯突出防治。主要研究内容如下:

(1) 基于可压缩流体的体积随压力变化的定律、质量守恒定律和流体通过孔隙介质时所遵循的达西定律,结合油气井中流体的流动规律,研究分析压力恢复曲线的理论和方法;在此基础上,根据煤矿井下煤层径向穿层钻孔与油气井的相似性,提出用于煤层瓦斯渗流参数测定的压力恢复曲线技术和方法。

(2) 开展压力恢复曲线应用于瓦斯渗流参数测定的适用性研究,分析常规压力曲线的形状,对比实测瓦斯压力恢复曲线的形状特征,研究应用压力恢复曲线测定瓦斯渗流参数的可行性;通过对钻孔的压力恢复曲线资料分析,结合实际测量过程中的影响因素,建立煤层瓦斯压力恢复曲线数值模拟模型,并提出煤层瓦斯压力恢复曲线的数值模拟方法,研究瓦斯压力恢复曲线的规律,为现场瓦斯压力等参数测试和分析提供理论依据。

(3) 调研、分析国内外煤矿现场测压中的封孔装置的应用情况,根据各种封孔方法的优缺点,研发煤层瓦斯渗流参数快速测定配套封孔装置及封孔工艺。

(4) 根据煤层瓦斯渗流参数测定的压力恢复曲线理论和方法,研制基于目前传感仪器仪表技术的煤层瓦斯渗流参数快速测定装置,并开发相应的分析软件。

(5) 采用压力恢复曲线测定方法对不同典型煤矿的不同煤层的瓦斯渗流参数进行测定,对比分析采用压力恢复曲线方法测定煤层瓦斯渗流参数和常规方法测定煤层瓦斯渗流参数的结果,以验证提出的煤层瓦斯压力恢复曲线测定方法的适用性和可行性以及所研制测定装置的性能和稳定性等技术指标。

第2章　压力恢复曲线理论基础与模型

在油井生产中，当油井以稳定产量开井生产一段时间后，如果将油井的地面井口关闭，然后测试井底恢复压力与关井时间的关系，所得关系曲线称为压力恢复曲线。压力恢复曲线理论首先在油井中应用，用于确定地层压力、油井控制储量等地层参数，并用于分析注水强度变化与工作状况等；随后在气井中及瓦斯渗流领域开始应用，主要用于计算气井地层压力与储层渗流参数等。

2.1　压力恢复曲线理论基础

假设地层均质，且各向同性，可压缩流体从一口井的周围径向流到井口时满足三个基本物理定律：

① 质量守恒定律；

② 流体可压缩性；

③ 流体在岩层中的流动符合达西定律。

在上述假设的基础上，基于三个物理定律可得到基本的微分方程。

$$\frac{\partial^2 p}{\partial^2 r^2}+\frac{1}{r}\frac{\partial p}{\partial r}=\frac{\mu C\varphi}{k}\frac{\partial p}{\partial T} \tag{2-1}$$

或

$$\frac{\partial^2 p}{\partial^2 r^2}+\frac{1}{r}\frac{\partial p}{\partial r}=\frac{1}{\eta}\frac{\partial p}{\partial T} \tag{2-2}$$

式中　p——压力，atm；

r——油层中任一点距生产井的距离，cm；

T——时间，s；

μ——流体在地层条件下的黏度，10^{-1} Pa·s；

C——地层中可压缩流体和岩石孔隙的综合弹性系数，atm^{-1}；

φ——油层岩石的有效孔隙率；

η——导压系数，$\eta=\frac{k}{\mu C\varphi}$，$\text{cm}^2/\text{s}$；

k——地层岩石的渗透率，D。

式(2-2)和热传导基本方程一样。不论是热传导、电传导以及流体在孔隙介质中的渗流等问题，都可以用这一微分方程式来解释。

式(2-2)的物理意义为，如果地层是均质的、流体的导压系数为 η，当流体向井点方向径向流动时，则距离井点半径为 r 处的油层压力 p 是时间 T 的函数。若要求得在具体情况下油层中压力随时间的分布关系，就需要根据具体的边界条件，求出上述方程的一个特解，具体步骤如下：

假设：

① 均质油层是无限延伸的；

② 井径无限小，即可认为井是无限小的点汇；

③ 从投产瞬时起，油井即以稳定产量生产。

在无限大均质地层中，油层厚度为 h（单位为 cm），原始压力为 p_0，一口井以不变产量 q（$\mathrm{cm^3/s}$）生产 T（单位为 s）时间后，假定岩性和流体性质都是恒定的，则距离井点为 r 处的压力 p_r 按上述条件可以通过解式(2-2)得出：

$$p_r = p_0 + \frac{q\mu B}{4\pi kh}E_i\left(-\frac{r^2}{4\eta T}\right) \tag{2-3}$$

式中　p_r——地层中距生产井 r 处一点在时间为 T 时的压力，atm；

p_0——油层中原始压力，atm；

q——生产井的稳定产量（地面值），$\mathrm{cm^3/s}$；

μ——流体黏度，$10^{-1}\,\mathrm{Pa\cdot s}$；

B——地层原油体积系数；

k——油层的有效渗透率，D；

h——油层的有效厚度，cm；

r——任意一点距生产井距离，cm；

η——导压系数，$\mathrm{cm^2/s}$；

T——生产井生产时间，s。

式(2-3)中，$E_i\left(-\frac{r^2}{4\eta T}\right)=E_i(-X)$，为幂积分函数。在分析油井压力恢复曲线时，一般情况下取它的近似值。当 X 小于 0.02 时，$E_i(-X)$ 的数值可以足够精确地以 $\ln X+0.577$ 表示，即

$$E_i(-X)=\ln X+0.577 \text{ 或 } E_i(-X)=\ln(1.78X) \tag{2-4}$$

在进行油井压力分析研究时，式(2-3)中的 p_r 为井壁处的压力，此时 r 应为油井的半径 r_w（这里假定井是完善的）。实际经验表明，当 T 值很小时（如只有几分钟），$\left(\frac{r_w^2}{4\eta T}\right)$ 的数值小于 0.02。因此，可以利用式(2-4)的近似关系，即

$$E_i\left(-\frac{r_w^2}{4\eta T}\right)=\ln\left(\frac{1.78r_w^2}{4\eta T}\right)$$

则式(2-3)变为：

$$p_w = p_0 - \frac{qB\mu}{4\pi kh}\ln\left(\frac{4\eta T}{1.78r_w^2}\right) \tag{2-5}$$

或

$$p_w = p_0 - \frac{qB\mu}{4\pi kh}\ln\left(\frac{2.25kT}{\mu C\varphi r_w^2}\right) \tag{2-6}$$

式(2-6)中，p_w 指的是生产井井壁位置的流动压力。由式(2-6)可看出，p_w 随着 T 的增

大而逐渐减小。

引入“井壁的完善程度”和“折算半径”的概念。国内外油田大量实践资料表明，由于完井工艺及其他因素的影响，一般油井常可分为完善的、不完善的和超完善的三类，它们可用井的折算半径 r_c 的概念说明如下：

完善井——折算半径等于完井半径(钻头或套件半径)；

不完善井——折算半径小于完井半径；

超完善井——折算半径大于完井半径。

把式(2-5)和式(2-6)中的 r_w 改写为 r_c，并把自然对数转换为普通对数，则公式变为以下形式：

$$p_w = p_0 - \frac{2.3qB\mu}{4\pi kh}\lg\left(\frac{2.25kT}{\mu C\varphi r_c^2}\right) \tag{2-7}$$

式中 p_w——井壁流动压力，atm；

p_0——油藏原始压力，atm；

q——油井的稳定产量(地面值)，cm^3/s；

B——地层原油体积系数；

k——油层的有效渗透率，D；

μ——流体黏度，10^{-1} Pa·s；

h——油层的有效厚度，cm；

T——生产井生产时间，s；

C——地层中可压缩流体和岩石孔隙的综合弹性系数，atm^{-1}；

φ——岩石的有效孔隙率；

r_c——油井的折算半径，cm。

为了方便，把式中各参数单位尽可能改用工程常用单位，则得出式(2-8)：

$$p_w = p_0 - \frac{21.91qB\mu}{kh}\lg\left(\frac{8.1kT}{\mu C\varphi r_c^2}\right) \tag{2-8}$$

式中，p_0 和 p_w 的单位为工程大气压；q 的单位为 m^3/d；k 的单位为 mD；h 的单位为 m；T 的单位为 h；其余参数的单位仍与式(2-7)的相同。

假设该井在生产了 T 时间后，突然关井停产(即井壁处不再有流体进入井筒)，以水动力学观点来看，可以认为该井从 T 时起由原来的产量(q)变为以新的产量($-q$)生产。油藏中任意点的压力等于这两个产量影响的叠加值，用公式表示如下：

$$\begin{aligned} p_t &= p_0 - \frac{2.3qB\mu}{4\pi kh}\left[\lg\frac{2.25k(T+t)}{\mu C\varphi r_c^2}\right] + \frac{2.3qB\mu}{4\pi kh}\left(\lg\frac{2.25kt}{\mu C\varphi r_c^2}\right) \\ &= p_0 - \frac{2.3qB\mu}{4\pi kh}\lg\frac{T+t}{t} \end{aligned} \tag{2-9}$$

式中 p_t——关井 t 时间后井底流压，atm；

t——关井时间，s。

式(2-9)也可以改写成以下形式：

$$p_t = p_0 + \frac{2.3qB\mu}{4\pi kh}\lg\frac{t}{T+t} \tag{2-10}$$

为了方便，把式(2-10)中各参数单位尽可能改用工程常用单位，则得出式(2-11)：

$$p_t = p_0 + \frac{21.91qB\mu}{kh}\lg\frac{t}{T+t} \tag{2-11}$$

式中，p_t 和 p_0 的单位为工程大气压；q 的单位为 m^3/d；k 的单位为 mD；h 的单位为 m；T 的单位为 h。

式(2-10)为压力恢复曲线基本公式，式中其他各参数单位同式(2-9)。对数符号后面的分数$\frac{t}{T+t}$是一个无因次项，其中 T 和 t 只要用相同的时间单位即可。在实际公式应用时，如果油井并不是一直以产量 q 进行生产的，则公式中的 q 值应为关井前一定时间(一般要求 5 d 以上)的稳定产量。而 T 则是 q 除这口井累计产量的商，即 $T=\frac{\sum q}{q}$，因此把 T 称作折算的生产时间。对式(2-10)进行分析可以看出：

① 生产井关井后的压力为$\frac{t}{T+t}$的函数。

② 由于$\frac{t}{T+t}$是一个小于 1 的数值，以 1 为极限值，则 $\lg\frac{t}{T+t}$为负数；以 0 为极限值，p_t 的数值随着$\frac{t}{T+t}$增大而增加，以 p_0 为极限值。

③ 如在单对数坐标纸上，以普通坐标表示 p_t 或 p_0-p_t，以对数坐标表示$\frac{t}{T+t}$来绘制 p_t 和$\frac{t}{T+t}$的相关曲线(此法简称第一法)，则得到的将是一条直线，直线的斜率为$\frac{2.3qB\mu}{4\pi kh}$，这一斜率通常用符号 i 来表示。即 $i=\frac{2.3qB\mu}{4\pi kh}$，$i$ 值为曲线上一个对数周期间(如从 10 到 100)的压力差值。

④ 把上述曲线向上延伸到$\frac{t}{T+t}$等于 1 时，p_t 达到它的最大极限值 p_0。

图 2-1 是某油田中一口探井在试油时测得的典型曲线。从图中可以看出，曲线具有两个明显的直线段，第一段很陡的直线主要是由于关井后井壁处还继续有油流入井筒(续流现象)而形成的，第二段直线代表式(2-10)的压力恢复线段。

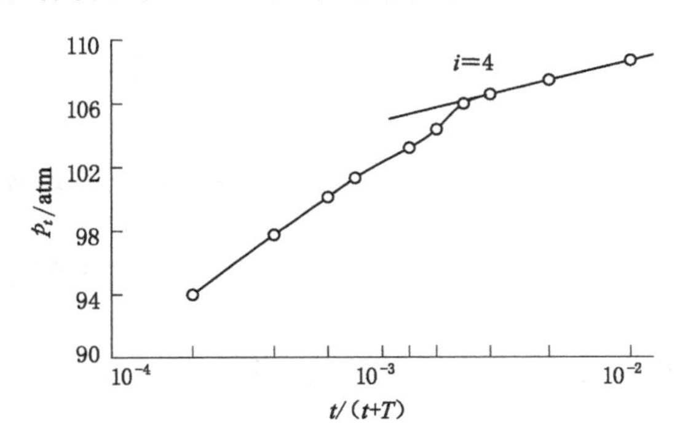

图 2-1　某油田一口井的压力恢复曲线(按第一法绘制)

通过式(2-7)和式(2-10)可得出：

$$p_t - p_w = \frac{2.3qB\mu}{4\pi kh}\lg\left(\frac{2.25kt}{\mu C\varphi r_c^2}\frac{t}{T+t}\right) \tag{2-12}$$

当 T 的数值比 t 大很多时，可以认为 T 值和 $T+t$ 值接近相等，即 $T\approx T+t$，因而式(2-12)可简化为：

$$p_t = p_w + \frac{2.3qB\mu}{4\pi kh}\lg\left(\frac{2.25kt}{\mu C\varphi r_c^2}\right) \tag{2-13}$$

式(2-13)是一个重要和广泛应用的压力恢复曲线公式。但式(2-13)和式(2-10)相比，由于假定 $T\approx T+t$，因而它的误差相对大一些。

对式(2-12)加以分析，把它写成更简化的方程式：

$$p_t = p_w + i\lg(Yt) = p_w + i\lg Y + i\lg t = X + i\lg t \tag{2-14}$$

由上述两式可以推断出以下几点结论：

① 生产井关井后的压力是关井后时间 t 的函数。

② 由式(2-13)可看出，关井后 p_t 总是比 p_w 要大，因而$\frac{2.25kt}{\mu C\varphi r_c^2}$必然大于1(当 t 值很小时公式是无意义的)，随着 t 值不断增大，p_t 值随之增大，直到 $p_t=p_0$，即 p_t 达到极限值，此后 t 再增大，公式无意义。

③ 由式(2-14)可以看出，p_t 和 $\lg t$ 呈线性关系，在单对数坐标纸上作 p_t 和 t 的关系曲线，以对数坐标表示 t，则可得一条直线(此法简称第二法)，直线的斜率也等于$\frac{2.3qB\mu}{4\pi kh}$，即前面所述的 i 值。

图 2-2 是一个用 p_t 和 $\lg t$ 关系绘制的压力恢复曲线的实例。绘制这一曲线的基本资料和图 2-1 一样，是从某油田的一口探井取得的，所不同的是曲线的绘制方法。

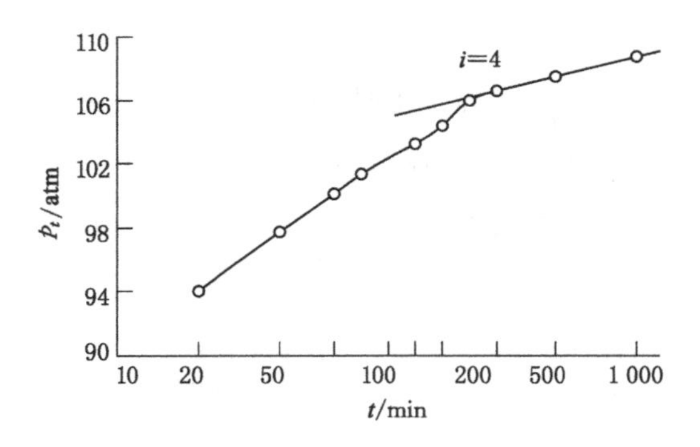

图 2-2　某油田一口井的压力恢复曲线(按第二法绘制)

对比两幅图中的曲线可以看出，两曲线相似，且具有相同的斜率。这说明当 T/t 值增大到一定程度时，两种绘制曲线方法将得到相同的结果。

至此，得到两个最基本的压力恢复曲线公式，即式(2-10)和式(2-13)。在应用中必须注意以下几点：

① 在推导公式的过程中，为了避免过于烦琐，不得不把油层和流体性质以及生产条件加以理想化和简单化。因而，当实际条件和理想条件相差过大时，公式的应用就受到了

限制。

② 式(2-10)和式(2-13)的推导基础和过程基本相同，后者是前者的近似式。在大多数情况下，两者都能使用，而且后者在应用时更方便一些。在一定情况下，式(2-13)是不能应用的。

③ 在公式推导过程中，用对数函数代替幂积分函数，也只是近似代替。使用公式时应注意它的必要条件。

2.2 油井压力恢复曲线理论模型

2.2.1 油井地层压力计算模型

(1) 新油井原始地层压力计算模型

当某油田的一个新油藏投入开发时，最初油田只有一口或少数几口油井产油，这时的地层压力高于或接近油藏的原始饱和压力，驱油的主要动力之一是地下流体和岩石的弹性能。如果油井所产出油量与油藏的地质储量相比是微不足道的，将油井关闭停产后经过相当长的时间，油井井底压力会恢复到与油藏原始地层压力十分接近的数值；并且在压力恢复过程中的表现非常接近理论的无限大地层中的状况。根据上述推理，可以引用式(2-10)推导求出原始地层压力，具体如下：

$$p_t = p_0 + \frac{2.3qB\mu}{4\pi kh}\lg\frac{t}{T+t} = p_0 + i\lg\frac{t}{T+t} \tag{2-15}$$

式中，i 是压力恢复曲线的斜率，其余符号含义同前。产油井在油井关闭前必须有一段稳产时间(一般不少于 5 d)，T 值则可以用这一稳定日产量去除该井的累计产油量而得到折合生产日数，其单位应和 t 相同。

如果在单对数坐标纸上用对数坐标表示$\frac{t}{T+t}$，绘制一口井关井后 p_t 和$\frac{t}{T+t}$的相关曲线，则在经过初始一段“续流”影响后应该出现一个直线段。如前所述，如果这口井是新油藏中采油不多的新井，则关井很长时间后井底压力应十分接近原始地层压力。由式(2-15)可以看出，当 $\lg\frac{t}{T+t}=0$，即$\frac{t}{T+t}=1$ 时，$p_t=p_0$，这就相当于关井时间 t 趋近无穷大值，这一点是和理论符合的。

根据上述推导，只要把压力恢复曲线的直线段推导到$\frac{t}{T+t}=1$ 的地方，所得 p_t 即油藏的原始地层压力。

(2) 生产油井平均地层压力计算模型

假如在一个已投入生产的油井网区域内，有若干口生产井及注水井(也可能没有注水井)在稳定生产，则油藏中压力高于或接近饱和压力。此时在一口原来以稳定日产量连续生产的油井内，下入深井压力计，然后将油井关闭一定长的时间，通过压力计测出这段时间内的油井井底压力恢复情况，绘制出压力恢复曲线。根据理论推导，可以求得这口油井供油区域的平均地层压力或者供油区外缘的平均地层压力。

在一个连通的油藏中，当有若干口油井稳定生产时，每一口油井都自然划分出一定的、大小不同的供油面积。如果井网的几何形状不太复杂，地层的不均质性也非常弱时，可以假定一口井的供油面积 $A=\pi R_c^2$，该面积内的平均地层压力为 $\bar{p}$，该面积边缘部分的平均地层压力为 p_c，关井前井底的稳定流动压力为 p_w。根据稳定径向流理论，当该油井稳定生产时，工作压差 Δp 和产量的计算公式如下。

当采用注水采油时，假定生产井供油面积的边缘压力基本不变，则有：

$$\Delta p_1=\bar{p}-p_w=\frac{q\mu}{2\pi kh}\left(\ln\frac{R_c}{r_c}-\frac{1}{2}\right) \tag{2-16}$$

另一种形式为：

$$\Delta p_2=\bar{p}_c-p_w=\frac{q\mu}{2\pi kh}\ln\frac{R_c}{r_c} \tag{2-17}$$

在纯粹的弹性驱油情况下，生产井供油面积以外没有流体进入，则式(2-16)可写作：

$$\Delta p_1=\bar{p}-p_w=\frac{q\mu}{2\pi kh}\left(\ln\frac{R_c}{r_c}-\frac{3}{4}\right) \tag{2-18}$$

式中 Δp_1——采油压差，其值为平均地层压力与井底流动压力之差，atm；

Δp_2——采油压差，其值为供油区边缘压力与井底流动压力之差，atm；

$\bar{p}$——供油区内平均地层压力，atm；

p_w——关井前井底的稳定流动压力，atm；

q——关井前的稳定产量，cm^3/s；

k——油层的有效渗透率，D；

h——油层的有效厚度，cm；

μ——地层原油的黏度，10^{-1} Pa·s；

$\frac{R_c}{r_c}$——油井供油半径与折算半径的比值。

根据式(2-13)，当油井关井后，井底压力回升值 p_t 与关井时间 t 的关系为：

$$p_t-p_w=\frac{q\mu}{4\pi kh}\ln\frac{2.25\eta t}{r_c^2}$$

可以这样设想，到某一时间 $\bar{t}$ 时，井底压力回升的压差值恰好和采油压差($\bar{p}-p_w$)相等，则此时的 p_t 与 $\bar{p}$ 相等。根据上述推理，只要使式(2-16)和式(2-13)相等，就可求出 $\bar{t}$ 值。然后延长压力恢复曲线的直线段到 $t=\bar{t}$，此时其对应的压力值就是平均地层压力 $\bar{p}$。公式推导过程如下。

当式(2-16)和式(2-13)相等时：

$$\bar{p}-p_w=p_t-p_w$$

$$\frac{q\mu}{2\pi kh}\left(\ln\frac{R_c}{r_c}-\frac{1}{2}\right)=\frac{q\mu}{4\pi kh}\ln\frac{2.25\eta t_1}{r_c^2}$$

或

$$\frac{q\mu}{4\pi kh}\left(\ln\frac{R_c^2}{r_c^2}-1\right)=\frac{q\mu}{4\pi kh}\ln\frac{2.25\eta t_1}{r_c^2}$$

将上式简化后得到：

$$\ln\frac{R_c^2}{r_c^2}-1=\ln\frac{\eta t_1}{r_c^2}$$

或

$$\frac{R_c^2}{er_c^2}=\frac{2.25\eta t_1}{r_c^2}$$

上式中 e 取近似值 2.718，得到：

$$t_1=\frac{R_c^2}{2.25e\eta}=\frac{R_c^2}{6.1\eta} \tag{2-19}$$

如果假定生产井的供油区面积 A 可以近似为一个相当的圆形面积，则 $A=\pi R_c^2$。

$$t_1=\frac{R_c^2}{6.1\eta}=\frac{A}{19.2\eta} \tag{2-20}$$

如果把表示 η 的各项参数直接代入式(2-19)，则得到：

$$t_1=\frac{A}{k}\frac{\mu C\varphi}{19.2} \tag{2-21}$$

用压力恢复曲线的斜率 i 和其他参数表示 k 值，则式(2-21)变为：

$$t_1=0.285\frac{AhC\varphi i}{q} \tag{2-22}$$

以上一系列公式，均是在假定生产井供油区边缘压力基本不变的情况下推导出来的，与注水开发油田中的实际情况较接近。在纯粹弹性驱动的油藏中，则可认为生产井的供油区边缘是封闭的，此时与式(2-16)相对应的稳定径向流公式为：

$$\Delta p=\bar{p}-p_w=\frac{q\mu}{2\pi kh}\left(\ln\frac{R_c}{r_c}-\frac{3}{4}\right) \tag{2-23}$$

令式(2-23)和式(2-13)相等，并使 $t=t_2$，用同样的推导方法，可以得出如下结果：

$$t_2=\frac{R_c^2}{10.2\eta}=\frac{A}{32\eta} \tag{2-24}$$

或

$$t_2=\frac{\mu C\varphi}{32}\frac{A}{k} \tag{2-25}$$

或

$$t_2=0.17\frac{AhC\varphi i}{q} \tag{2-26}$$

在现代油田开发实践中，普遍采用注水开发方法，因此通常使用的是式(2-20)和式(2-21)。

以上所推导出的结果表明，当分析某一已开发油区的一口生产井的压力恢复曲线时，如果曲线的形状是正常的，能够得到代表地层内部压力恢复特征的线段，那么只要把它延长到 $t=t_n$($n=1$ 或 2 或 3)，就可以得到这一口井供油区的平均地层压力。在驱动方式不同的情况下，应用不同的 t_n 值。在计算 t_n 值时需要用到各项参数，其中 μ 和 C 值可由高压物性试验求得，φ 值可由岩芯分析资料取得，k 值可利用压力恢复曲线的斜率 i 值求得。比较难求解的是 A 值。一般在均匀布井、周围各井工作制度相差不大的情况下，A 值为一口井所控制的供油区面积。如果井网不规则，各井产量相差很大，为了求得比较准确的 A 值，可以参考该井田的相关文献。但根据现场经验，一般情况下确定一个符合实际的 A 值并不太困难，尤其是当斜率 i 值小于 2 个大气压时。即使 A 值有成倍的误差，求得的地层压力数值误差也不会超过 1 个大气压，这是因为压力恢复与时间呈对数关系，而 A 值则与时间呈线性关系，如时间增至 10 倍(相当于 A 值增至 10 倍)，压力的增值只和 i 值相等。

如果整理压力恢复曲线时采用的是第一法，即 $p\text{-}\ln\dfrac{t}{T+t}$ 关系曲线法，则可以利用前面求得的结果推导出简易的求地层压力方法。

由图 2-3 可以看出，如果关井时间非常长，油藏无限大，则代表斜率的直线段在后期将会沿虚线上升至 c 点。此时 $\dfrac{t}{T+t}$ 值为 1，得到的压力 p^* 即油藏的地层压力。如果测压井是一口生产井，由于供油面积有限(假定是封闭的)，则关井后井底压力上升至 b 点($p_w=p$)后不再上升，基本上沿着近似水平的 bc' 线前进，与 b 点相对应的压力值是平均地层压力的近似值，到达 b 点的时间就应该是前节中的 t_1 值，因此可以得到式(2-27)：

$$\bar{p}=p^*-i\lg\frac{\left(\dfrac{t}{T+t}\right)_{t\to\infty}}{\left(\dfrac{t_1}{T+t_1}\right)}=p^*-i\lg\frac{T+t_1}{t_1}\tag{2-27}$$

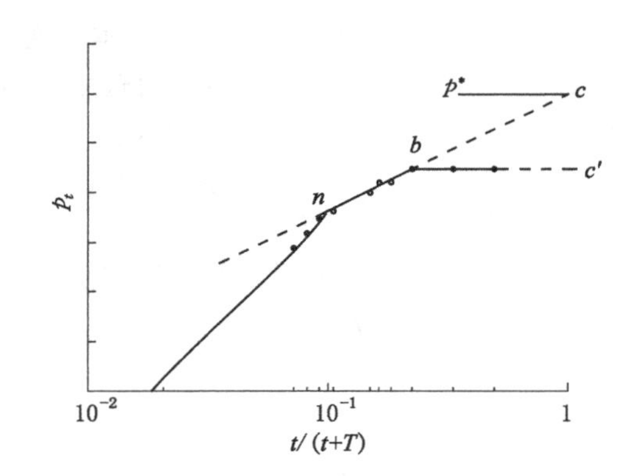

图 2-3　生产井关井后长时间压力恢复趋势

把式(2-20)中的 t_1 值代入式(2-27)，得：

$$\bar{p}=p-i\lg\frac{19.2\eta T+A}{A}\tag{2-28}$$

式中，T 的单位为 s。只要算出 $\lg\dfrac{19.2\eta T+A}{A}$ 的数值，从 p^* 值中减去它就可得到生产井供油面积内的平均地层压力 $\bar{p}$ 值。由式(2-28)可以看出如下两种特殊情况。

① 当这口井采油很少时，$19.2\eta T$ 远小于 A，则式(2-27)简化为近似式：

$$\bar{p}=p^*-i\lg\frac{A}{A}=p^*\tag{2-29}$$

此时 p^* 即可作为 $\bar{p}$ 的近似值，而不需要再加以校正，这种情况对新生产井可以适用。

② 当这口井采油很多时，$19.2\eta T$ 远大于 A，则式(2-27)又可简化为近似式：

$$\bar{p}=p^{*}-i\lg\frac{19.2T}{A}=p^{*}-\lg\frac{T}{t_1} \tag{2-30}$$

从压力恢复曲线上求得 p^{*} 后再减去 $i\lg\frac{T}{t_1}$ 就可得到 $\bar{p}$ 近似值，这一方法适用于产油较多的生产井。

以上推导结果表明，不管是用哪一种方法整理压力恢复曲线，只要算出 t_1、t_2 或 t_3 各数值，都可以用来确定一口生产井的各种相应的地层压力值。

2.2.2 油层渗流参数计算公式

根据压力恢复曲线，可以计算油层的产能系数(kh)、流动系数(kh/μ)、比流动系数(k/μ)、有效渗透率(k)及导压系数(μ)。

由压力恢复曲线的两个基础公式可以看出，不论是绘制 p_t-$\lg\frac{t}{T+t}$ 曲线，还是 p_t-$\lg t$ 曲线，曲线的斜率应该是一个常数[$i=2.3qB\mu/(4\pi kh)$]。故有：

$$\frac{kh}{\mu}=\frac{2.3qB}{4\pi i} \tag{2-31}$$

为了方便使用，把式(2-31)中各变量的单位改为工程常用单位，得到式(2-32)：

$$\frac{kh}{\mu}=\frac{21.9qB}{iD}\times10^{-3} \tag{2-32}$$

式中 k——有效渗透率，D；

h——有效厚度，m；

μ——地层原油黏度，10^{-1} Pa·s；

q——地面原油产量，t/d；

B——地层原油体积系数；

i——压力恢复曲线斜率，atm；

D——地面原油相对密度。

在某些情况下，如果一口生产油井的流动系数相当小，续流情况比较严重，第二阶段变得很短，以至于无法正确计算斜率，则对曲线的分析就比较困难，但可以利用曲线的第三段求出平均地层压力。

2.3 天然气井压力恢复曲线理论模型

2.3.1 天然气井压力恢复曲线计算模型

从油井的压力恢复曲线理论模型推导过程来看，类似的模型在用于气体压力恢复计算时在理论上存在些问题，这是因为在油井压力恢复曲线理论模型的推导过程中曾假设所研究的流体具有很小的压缩性，这一假设对于油井基本上是适合的，但对天然气井而言则会有较大的出入。而从大量工程应用来看，在很多气井中测得了大量的压力恢复曲线；把这些气井的压力恢复曲线和油井的压力恢复曲线进行对比可看出，在曲线的形态上，两者基本上是相同的，凡是在油井中测得的压力恢复曲线在气井的压力恢复曲线上几乎应有尽有。另外，在国外的大量研究中，也阐述了气井压力恢复曲线和油井压力恢复曲线的相似性，并认为一般的油井压力恢复曲线在气井中都可以应用。

天然气井压力恢复曲线模型的推导过程和油井压力恢复曲线模型的推导过程基本相同，故气井的压力恢复曲线基本公式如下：

$$p_t - p_w = \frac{2.3}{4\pi}\frac{q_G\mu_G B_G}{k_G h}\lg\frac{2.25k_G t}{\varphi_G\mu_G C_G r_c^2} = i\lg\frac{2.25k_G t}{\varphi_G\mu_G C_G r_c^2} \tag{2-33}$$

$$p_t - p_w = \frac{2.3}{4\pi}\frac{q_G\mu_G B_G}{k_G h}\lg\frac{t}{T+t} = i\lg\frac{t}{T+t} \tag{2-34}$$

式中 p_t——关井后时间为 t 时井底压力，atm；

p_w——关井前井底的稳定流动压力，atm；

q_G——关井前稳定产气量，cm^3/d；

μ_G——天然气在平均地层温度下的黏度，10^{-1} Pa·s；

k_G——地层中天然气有效渗透率，D；

h——气层有效厚度，m；

φ_G——气层有效孔隙率；

C_G——天然气在气层内的综合弹性系数，atm^{-1}；

r_c——气井的折算半径，cm；

t——关井时间，s；

T——折算累计生产时间，s；

B_G——天然气在地层温度和平均地层压力下的体积系数。

式(2-33)和式(2-34)与油井压力恢复曲线基本公式对照，i 值在测压过程中应该是一个不变的常数；但实际情况下式(2-33)和式(2-34)中的 B_G 是随关井后时间改变的，B_G 和压力及温度的关系如下：

$$B_G = C\frac{T'}{T_s'}\left[\frac{p_{sc}}{(p_c + p_t)/2}\right] \tag{2-35}$$

式中 T'——平均地层温度，K；

T_s'——标准状态温度，293 K；

p_{sc}——标准大气压，$p_{sc}=1$ atm；

p_c——气层内部地层压力，atm；

p_t——井底在时间为 t 时的压力，atm；

C——天然气的超压缩系数。

由式(2-35)可以看出，B_G 随关井后时间改变，其结果将使压力恢复曲线不是直线。但实践证明，在一般情况下，B_G 可以用近似式表示：

$$B_G = z\frac{T'}{T_{sc}'}\left[\frac{p_{sc}}{(\bar{p} + p_w)/2}\right] \tag{2-36}$$

式中 $\bar{p}$——气井关井时平均地层压力，在实际计算时可用关井后最高压力 p_f 代替；

p_w——关井前井底的稳定流动压力。

采用以上 B_G 的近似值后，就可将式(2-33)和式(2-34)中的 i 看作常数了。

2.3.2　天然气井渗流参数计算公式

应用压力恢复曲线计算产气层的流动系数($k_G h/\mu_G$)和有效渗透率(k_G)与求油层流动系数和有效渗透率的方法完全相似。把所采用公式的单位变换为工程常用单位后，得到式(2-37)：

$$\frac{k_G h}{\mu_G}=\frac{21.9 q_G B_G}{i} \tag{2-37}$$

式中　k_G——气层有效渗透率，mD；

h——气层有效厚度，m；

μ_G——地层条件下天然气黏度，10^{-1}Pa·s；

q_G——标准状态下天然气产量，m^3/d；

B_G——关井前地层内平均压力状态下天然气的体积系数；

i——压力恢复曲线斜率，atm。

用式(2-37)求得 $k_G h/\mu_G$ 后即可依次求出产能系数 $k_G h$，比流动系数 k_G/μ_G 和有效渗透率 k_G；求出 k_G 值后，如果已知地层条件下的天然气综合弹性系数 C_G 和气层的有效孔隙率 φ_G，则可计算出气层的导压系数。

气层的导压系数和油层导压系数具有相同的概念，计算公式如下：

$$\eta_G=\frac{k_G}{\mu_G C_G \varphi_G} \tag{2-38}$$

一般 k_G/μ_G 值可以通过压力恢复曲线求得，而分母中其他各项需要通过分析资料获得，但在实际应用中，式(2-38)的意义常不是很大。这主要是因为用压力恢复曲线求 k_G 值时必须知道气层有效厚度 h，还有 C_G 值和 φ_G 值，这些数值有时无法独立求解，特别是当所研究的气层为石灰岩或裂隙性地层时这种情况更为严重。在很多情况下，可以尽量利用压力恢复曲线来计算 η_G 值，可以采用以下两种方法。

第一种方法：

$$\eta_G=\frac{A}{19.2 t_1} \tag{2-39}$$

式中　η_G——气层的导压系数，cm^2/s；

A——气井控制面积，cm^2；

t_1——倾斜直线延伸到 $p=\bar{p}$ 的时间，s。

应用这种方法求解时，常需要较长的关井时间，必须等到曲线由明显的直线段转为平缓状，并显示出稳定的地层压力值时，也就是说压力恢复曲线已出现第三线段——边界反应线段时才算结束。

第二种方法：

$$\eta_G=\frac{r_w^2 10^G}{2.25 t_1} \tag{2-40}$$

式中　r_w——完井半径，cm；

G——理想完善井的完善系数；

t_1——倾斜直线延伸到 $p=\bar{p}$ 的时间，s。

一般在 A 值不好计算的情况下，使用式(2-40)比较便利，这是因为 G 值可以根据大概的井距和经验确定，G 值一般为 6～8。

2.3.3 天然气井地层压力计算模型

应用气井压力恢复曲线求地层压力的原理和方法与油井基本相同。如果产气井是位于新探区的一口新井，则整理曲线时最好采用 p_t-lg $t/(T+t)$关系，在半对数坐标纸上把曲线的代表斜率段延伸到 $t/(T+t)=1$ 时，得到的压力 p 即地层压力。如果该井是气田的第一口气井，压力即气田的原始地层压力。

如果产气井是一口已开采较长时间的井，则绘制曲线时可采用 p-lg t 关系，算出在理论上达到平均地层压力的时间 t_1。

有边水作用时：

$$t_1=\frac{A}{32\eta_G} \tag{2-41}$$

无边水作用时：

$$t_1=\frac{A}{19.2\eta_G} \tag{2-42}$$

式中 A——气井控制面积，cm^2；

η_G——气层的导压系数，cm^2/s；

t_1——时间，s。

用式(2-41)及式(2-42)时，必须预先能求出 A 和 η_G 值。需要注意的是，气井和油井不同，其 η_G 值非常敏感地随着地层压力改变；此外，当产气层为裂缝性岩石时，η_G 值就不容易用式(2-38)准确求解，常需要用其他方法进行估算核对。

如果一口产气井的控制面积较小，如在开发井区中的一口井，即使这口井是新井，在绘制压力恢复曲线时，若使用的是 p_t-lg $\frac{t}{T+t}$关系，也不能用延伸代表斜率段的方法直接得到平均地层压力。在这种情况下，仍可把代表斜率段延伸到$\frac{t}{T+t}=1$，得到压力 p^*，然后用式(2-43)算出平均地层压力：

$$\bar{p}=p^*-i\lg\frac{19.2\eta_G T+A}{A} \tag{2-43}$$

式中 i——斜率，atm；

η_G——气层的导压系数，cm^2/s；

T——累计生产时间，s；

A——气井控制面积，cm^2。

第 3 章　基于瓦斯压力恢复曲线测定煤层渗流参数技术研究

3.1　压力恢复曲线应用于煤层气研究

煤层气又被称为煤层吸附气、甲烷或瓦斯。它是自生自储并吸附于煤分子表面的一种非常规天然气，是蕴藏量巨大的潜在能源，储存于煤层复杂的裂缝-孔隙系统中。煤层不仅仅是储存煤层气的储存层，更是生产煤层气的源岩。煤层的物理结构是一种双重孔隙结构，由基质孔隙和裂缝孔隙组成，其裂缝孔隙又由主割理(面割理)和次级割理(端割理)组成。瓦斯在煤层中以三种状态存在：以分子状态吸附在基质孔隙的内表面上，以游离气体状态存在于裂缝孔隙中，或溶于煤层的地层水中。

煤层中瓦斯的储存机理、流动机理、生产动态和储层特性(孔隙率、渗透率)等方面的变化与常规储气层有较大的区别，这些区别都与煤的孔隙特征有着密切的关联。

煤是一种孔隙极为发育的储集体，是一种包含微孔和大孔系统的双重孔隙介质。微孔存在于煤基质部分，大孔系统由包围煤基质被称为割理系统的天然裂隙网络组成。基质是气体储存的主要空间，甲烷被吸附在微孔的表面，但其渗透率极低。在浓度差的作用下，瓦斯会透过基质扩散到裂缝中；裂缝在煤层的总孔隙体积中占次要地位，储气功能很弱，少量游离瓦斯储存于其中；但裂缝的渗透率极高，它是瓦斯流动的主要通道。

与油藏储层相比，煤储层具有割理发育、松软、表面积大、吸附性强、储层压力低等特性。而天然气与煤层气成分大致相同，煤层气主要由甲烷组成(占 95%以上)，其次一般为二氧化碳或氮气，而天然气的主要成分也是甲烷，其余成分则变化较大。两种气体均是优质能源和化工原料，可以混输混用。从储集介质来说，煤层气主要以吸附状态储集于煤层及碎屑岩层中，而天然气主要以游离状态储集于孔隙性砂岩或灰岩中。煤层气通过降压抽排的方式，在煤层中逐渐解吸、扩散、流动，通过负压抽采到地面；而天然气则主要依靠自身的正压产出。总体来看，煤层气单井总产量低，具有初期产量较低、生产周期长的特点；而天然气单井总产量高，表现为初期产量高、生产周期短(一般在 8 年左右)。煤层气(瓦斯)是煤矿安全生产的主要威胁之一，其资源量与采煤方式密切相关，如不采取先抽后采措施，则瓦斯会随着采掘活动排放到大气中。据有关统计，我国每年随煤炭开采而减少的煤层气资源量在 $1.9\times10^{10}\ m^3$ 以上；而天然气资源量受其他采矿活动影响较小，可以有计划地控制。

煤层气成藏机制复杂，具有明显的低孔隙率和低渗透性特点，煤岩较软且节理极其发育。煤层气主要以分子形态吸附在煤岩裂隙和基质的内表面，按照常规天然气开采方法无法进行煤层气的开发。另外，煤层是一种具有很强吸附能力的介质，极易受到破坏，煤层吸附外来流体后会引起孔隙的堵塞和基质的膨胀，严重时会影响煤层气的产气量。

煤层气以吸附状态存在于煤层的孔隙中，一般采用降压的方法进行煤层气的开采。我国大多数地区煤层的渗透率较低，一般为 $10^{-6} \sim 10^{-1}\ \mu m^2$。若按油气藏渗透率划分储层的标准对煤层进行划分，则煤层属于特低渗透性或致密储层，所以煤层气井需要通过水力压裂或者其他增透的方法进行增产改造。

从开采机理来看，煤层气的开采机理与常规天然气有本质不同。煤层气开采一般采用降压方式进行，即初始揭露煤层后通过排水降低储层压力，当储层压力低于煤层气临界解吸压力时，煤中的吸附气体开始脱离微孔隙表面而解吸，由于解吸面附近的气体浓度高于割理系统中的浓度，故煤层气在浓度梯度的作用下向割理系统扩散，之后与水形成两相流流向井筒。其流动大致经历三个阶段，即单相水流阶段、非饱和单相流阶段和气水两相流阶段。而常规天然气则在自然压力下向井筒渗流。

瓦斯主要以游离态和吸附态赋存于煤层中，其中游离态瓦斯赋存于煤层孔隙空间，吸附态瓦斯则存在于孔隙表面和结构内部，游离态瓦斯与吸附态瓦斯处于不断交换的动平衡状态。当煤矿井下钻孔施工致使钻孔周围煤体卸压后，动平衡状态被打破，游离态瓦斯首先放散并沿煤层裂隙流动，该流动以渗流为主，符合达西定律；随后在压力梯度和浓度梯度的作用下，吸附态瓦斯解吸并在孔隙结构中流动，该流动以扩散为主，符合菲克定律。这样大量吸附态瓦斯脱离煤层孔隙表面，进入孔隙裂隙并向钻孔自由空间运移，整个过程伴随渗流-扩散两种性质流动的综合作用。

但由油井和天然气井的压力恢复曲线理论模型推导过程来看，油井和天然气井的基本微分方程、初始条件和边界条件的设定也适用于煤层气井及井下钻孔，因此可采用油气井的压力恢复曲线理论模型来计算煤层气渗流参数。但需要特别注意的是，由于油气井压力恢复曲线推断地层压力的理论基础是可压缩液体向井筒作径向流动，因此在煤矿井下应用压力恢复曲线测定煤层瓦斯压力时要注意钻孔的施工设计应满足该理论的前提条件，即测压钻孔为穿层钻孔。

煤层气压力恢复曲线的基本公式如下：

$$p_t = p_0 + \frac{2.19 q_G B_G \mu_G}{kh} \lg \frac{t}{T+t} = p_0 + i \lg \frac{t}{T+t} \tag{3-1}$$

$$p_t = p_0 + \frac{2.19 q_G B_G \mu_G}{kh} \lg t = p_0 + i \lg t \tag{3-2}$$

式中 p_t——钻孔关闭后时间 t 时孔口的压力，MPa；

p_0——煤层原始瓦斯压力，MPa；

t——钻孔关闭时间，min；

T——折算累计生产时间，min，$T = Q_{总}/q_G$；

i——曲线斜率，MPa；

k——煤层有效渗透率，D；

h——煤层的厚度，m；

μ_G——瓦斯动力黏度，MPa·s；

q_G——钻孔关闭前瓦斯稳定产量，m^3/d；

$Q_{总}$——钻孔关闭前瓦斯总产量，m^3；

B_G——钻孔关闭前地层内平均压力状况下瓦斯的体积系数。

$$B_G = C_p \frac{T_t}{2\,880}\left[\frac{2}{p_0 + p_w}\right] \tag{3-3}$$

式中　C_p——瓦斯压缩系数；

T_t——钻孔内温度，K；

p_w——钻孔关闭前孔口压力，即大气压力，MPa。

由式(3-1)可以看出，若在半对数坐标纸上以普通坐标表示 p_t 或 $p_0 - p_t$，以对数坐标表示$\frac{t}{T+t}$来绘制 p_t 和$\frac{t}{T+t}$的关系曲线，则将得到一条直线，直线的斜率等于$\frac{2.19 q_G B_G \mu_G}{kh}$，这一斜率通常用一简单符号 i 来表示，即 $i=\frac{2.19 q_G B_G \mu_G}{kh}$。$\frac{t}{T+t}$是小于 1 的值，以 1 为极限，因此 $\lg \frac{t}{T+t}$为负数，以 0 为极限。p_t 的数值随着$\frac{t}{T+t}$的增加而增加，以 p_0 为极限。因此，把曲线向上延伸到$\frac{t}{T+t}=1$ 时，p_t 达到它的最大极限值 p_0。

如果煤层钻孔瓦斯抽采时间长，则在绘制上述曲线时，需要用式(3-2)，方法同式(3-1)。

3.2　煤层瓦斯压力恢复曲线形状研究

3.2.1　煤层瓦斯压力恢复曲线理论形状

统计以往测定的瓦斯压力曲线，比较常见的瓦斯压力随时间的变化曲线图主要有两种：曲线方程为龚帕兹曲线 $y_t = \mathrm{e}^{k+ab^t}$(图 3-1)和逻辑斯谛曲线 $y=1/(k+ab^t)$(图 3-2)。上述两种曲线均存在三个阶段，即初始阶段、上升阶段和极限阶段。初始阶段，由于钻孔施工过程打破了煤层的原始赋存状态，煤层中的游离态瓦斯及部分吸附态瓦斯已经逸散，当钻孔重新封闭后，在瓦斯压力梯度和浓度梯度的作用下，钻孔周围远端的瓦斯逐渐向钻孔方向运移，在曲线上显示为随着时间的延长，压力逐渐上升，但由于煤层的透气性不同，其增长速度有所差别。煤层透气性越好，单位时间内向钻孔中运移的瓦斯量越大，曲线上初始阶段的压力增长速度就越大(图 3-1)；反之，煤层透气性越小，则初始阶段的压力增长速度越小(图 3-2)。

上升阶段，随着瓦斯压力与浓度在钻孔周围的重新分布，钻孔区域瓦斯压力与浓度与未泄压区的差别逐渐缩小，瓦斯运移速度放缓，表现在曲线上为瓦斯压力随时间延长继续增长，但增长幅度较初始阶段放缓，到该阶段末期，钻孔内的瓦斯压力一般会上升到原始瓦斯压力的 80%。

极限阶段，钻孔内瓦斯压力上升速度进一步减慢，随着钻孔周围瓦斯的运移，钻孔内部的瓦斯压力同煤层的原始瓦斯压力渐趋于平衡。瓦斯压力恢复的整个过程遵守自然成长过程规律，即增长、发展、成熟直至饱和趋势。

3.2.2　实测煤层瓦斯压力恢复曲线形状

为了研究实际的煤层瓦斯压力恢复曲线的形状，对 12 个典型煤矿的 19 个测压钻孔采

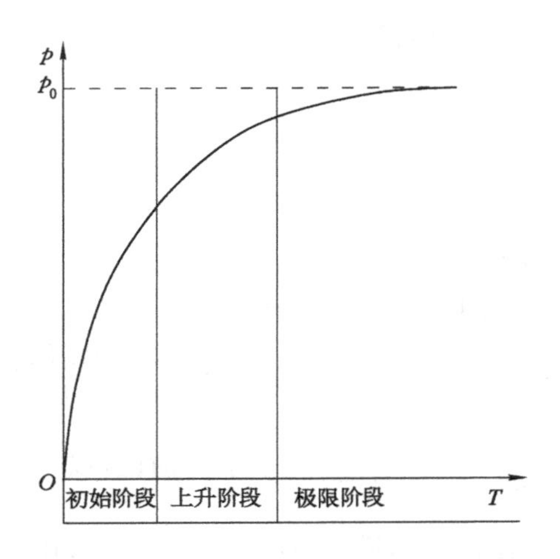

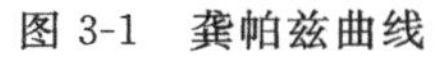
图 3-1　龚帕兹曲线

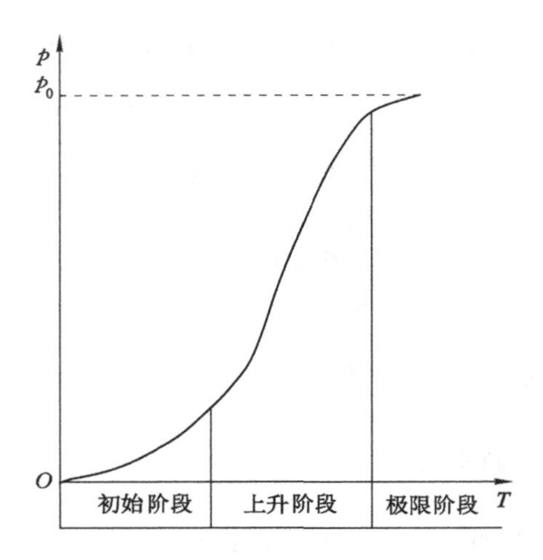

图 3-2　逻辑斯谛曲线

用 p_t-lg $\dfrac{t}{T+t}$ 方法实测压力恢复曲线，分析了曲线的形状，具体如下。

① 陶二矿 2# 煤层实测的压力恢复曲线(图 3-3)；

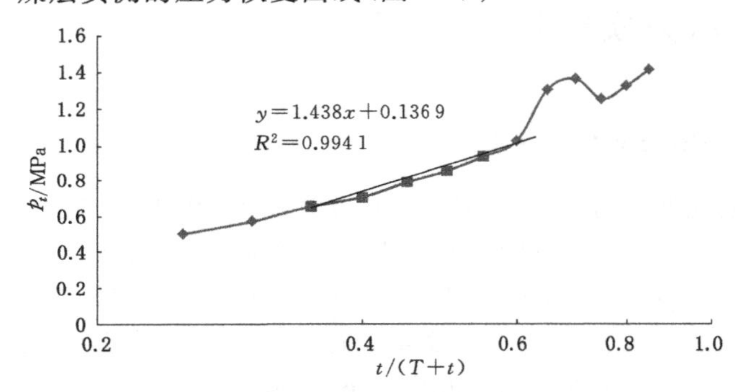

图 3-3　陶二矿 2# 煤层测压钻孔压力恢复曲线

② 葛店矿三$_2$ 煤层实测的压力恢复曲线(图 3-4)；

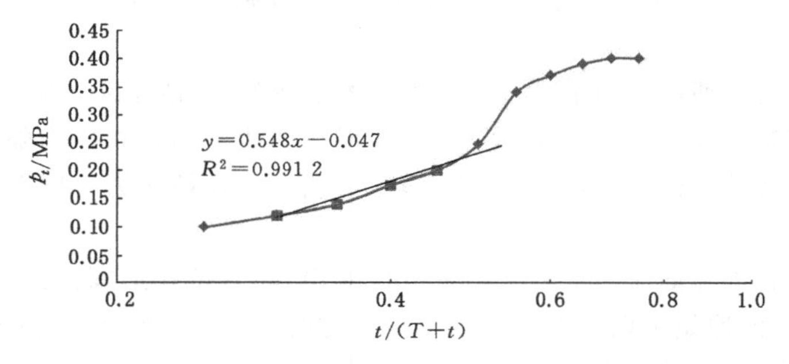

图 3-4　葛店矿三$_2$ 煤层测压钻孔压力恢复曲线

③ 佳瑞矿 15# 煤层实测的压力恢复曲线(图 3-5)；

④ 沁城矿 2# 煤层实测的压力恢复曲线(图 3-6)；

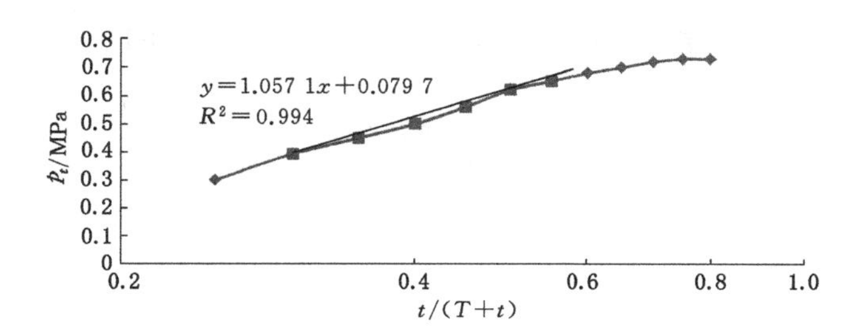

图 3-5　佳瑞矿 15# 煤层测压钻孔压力恢复曲线

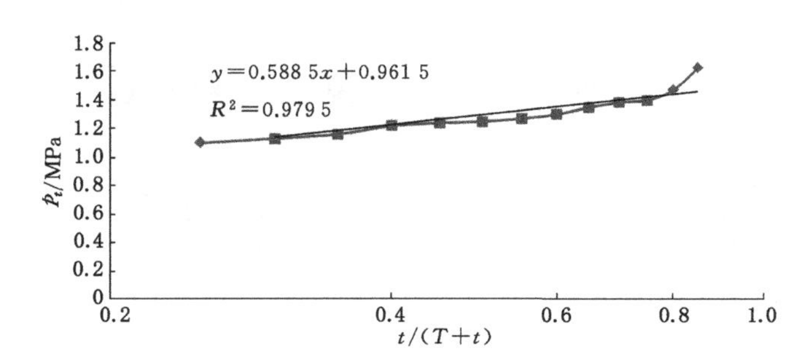

图 3-6　沁城矿 2# 煤层测压钻孔压力恢复曲线

⑤ 天荣一矿二$_2$ 煤层实测的压力恢复曲线(图 3-7)；

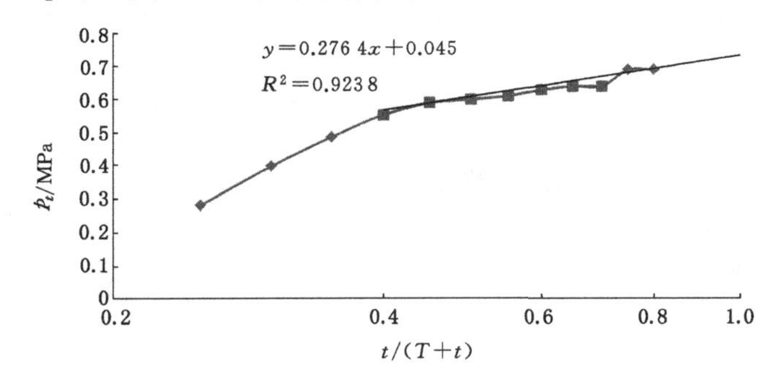

图 3-7　天荣一矿二$_2$ 煤层测压钻孔压力恢复曲线

⑥ 临漳矿 2# 煤层实测的压力恢复曲线(图 3-8)；

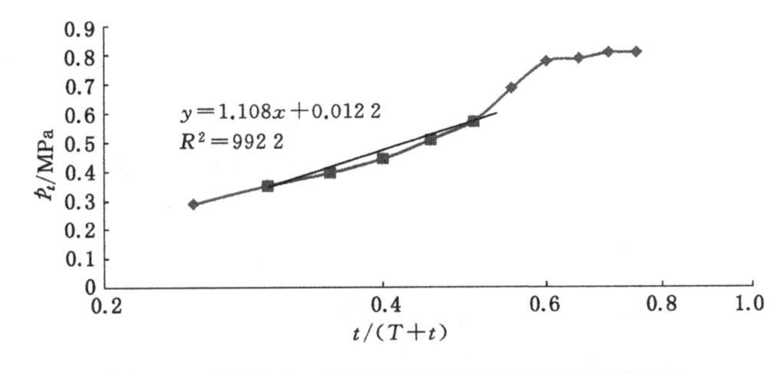

图 3-8　临漳矿 2# 煤层测压钻孔压力恢复曲线

⑦ 吉克矿 M9、M11 煤层实测的压力恢复曲线(图 3-9 和图 3-10)；

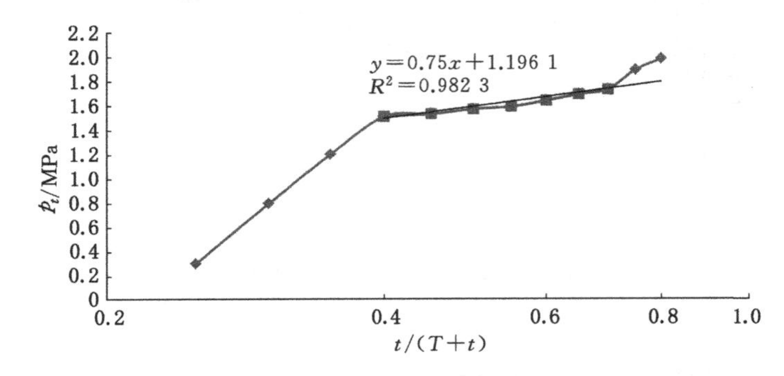

图 3-9　吉克矿 M9 煤层测压钻孔压力恢复曲线

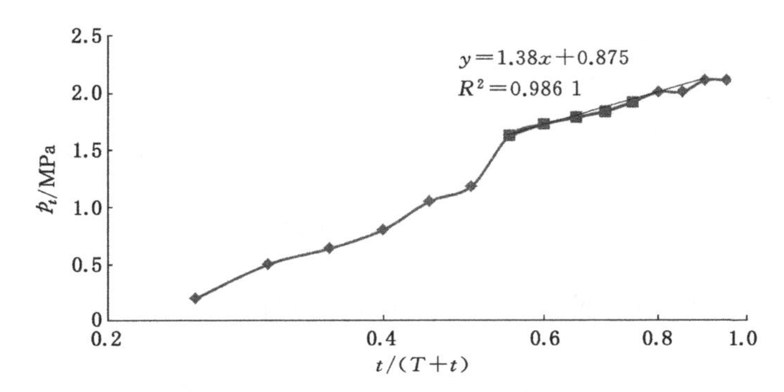

图 3-10　吉克矿 M11 煤层测压钻孔压力恢复曲线

⑧ 劳武煤矿 M12 煤层实测的压力恢复曲线(图 3-11)；

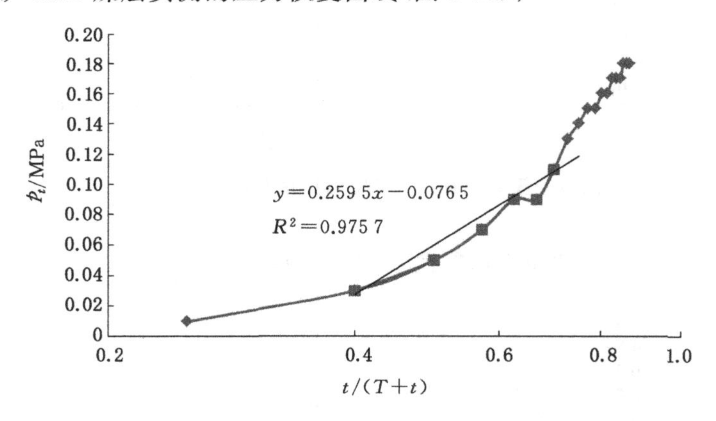

图 3-11　劳武煤矿 M12 煤层 12-2 号测压钻孔压力恢复曲线

⑨ 东庄煤矿 3# 煤层实测的压力恢复曲线(图 3-12)；

⑩ 野马煤矿 3# 煤层实测的压力恢复曲线(图 3-13)；

⑪ 河滩沟煤矿 3# 煤层实测的压力恢复曲线(图 3-14)；

⑫ 潘一东矿实测的压力恢复曲线(图 3-15 至图 3-21)。

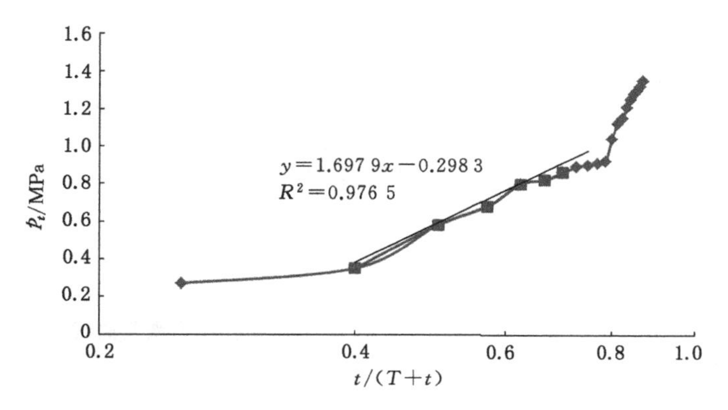

图 3-12　东庄煤矿 3# 煤层 2# 测压钻孔压力恢复曲线

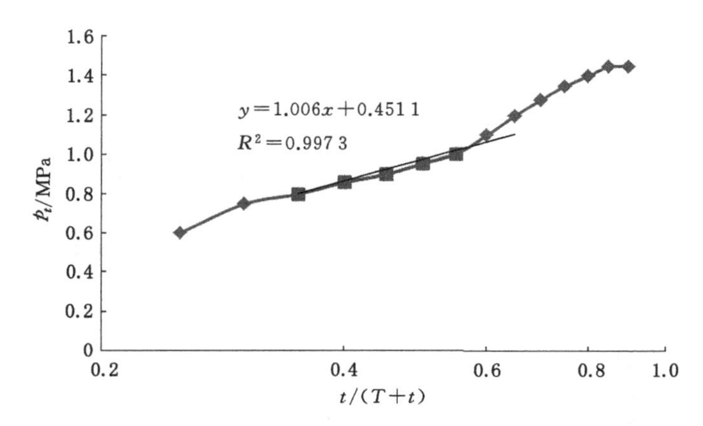

图 3-13　野马煤矿 3# 煤层测压钻孔压力恢复曲线

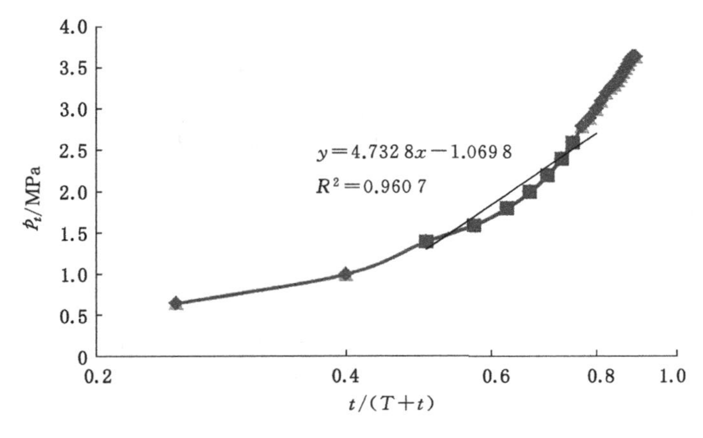

图 3-14　河滩沟煤矿 3# 煤层测压钻孔压力恢复曲线

综合分析以上 12 个典型煤矿的 19 个测压钻孔压力恢复曲线的形状可以看出，煤层钻孔内压力恢复曲线有三个阶段，其中实线与虚线部分分别为压力恢复曲线在各阶段的不同表现，具体如图 3-22 所示。

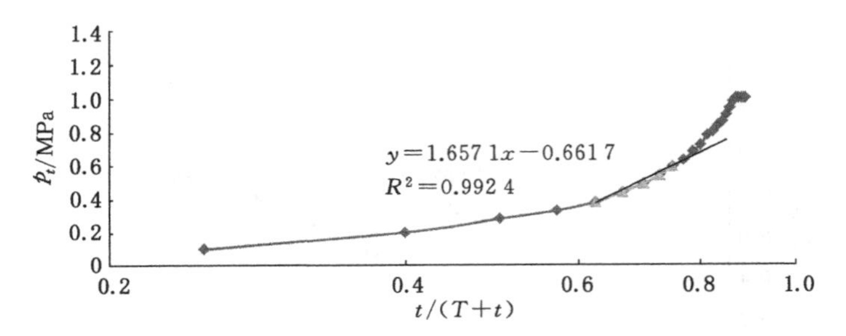

图 3-15　潘一东矿 11-2 煤层 1# 测压钻孔压力恢复曲线

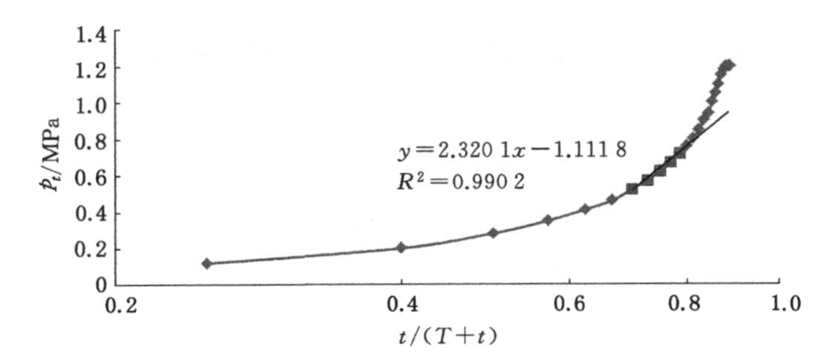

图 3-16　潘一东矿 11-2 煤层 2# 测压钻孔压力恢复曲线

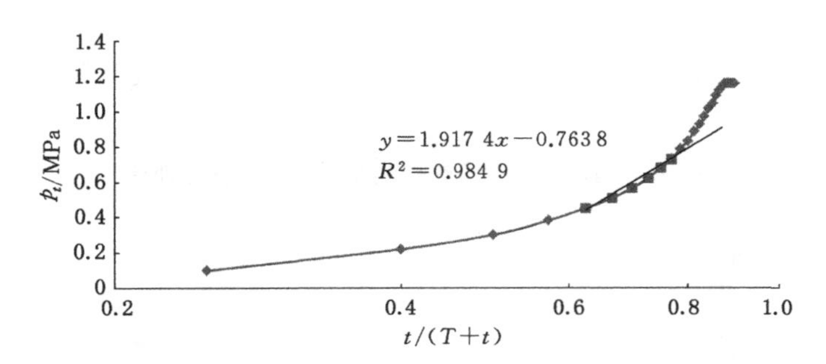

图 3-17　潘一东矿 11-2 煤层 3# 测压钻孔压力恢复曲线

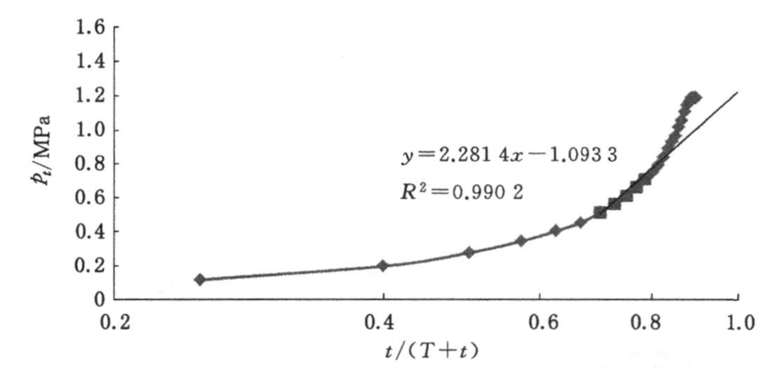

图 3-18　潘一东矿 11-2 煤层 4# 测压钻孔压力恢复曲线

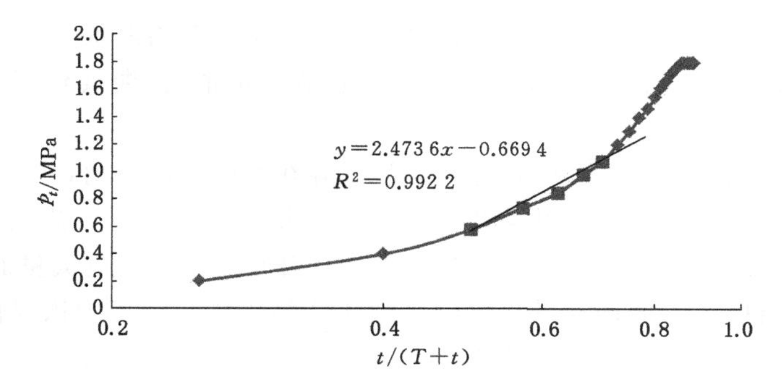

图 3-19 潘一东矿 13-1 煤层 6# 测压钻孔压力恢复曲线

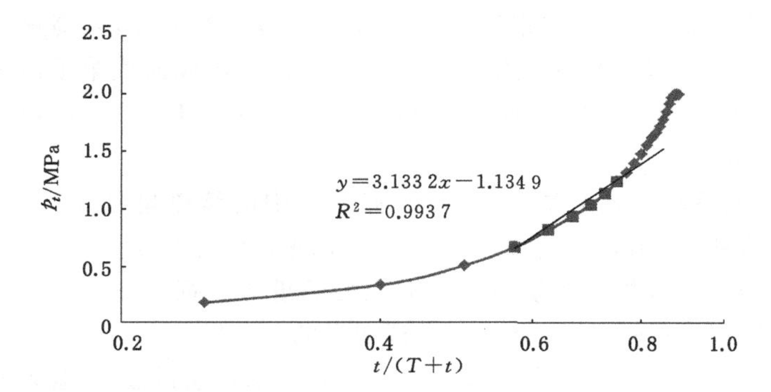

图 3-20 潘一东矿 13-1 煤层 7# 测压钻孔压力恢复曲线

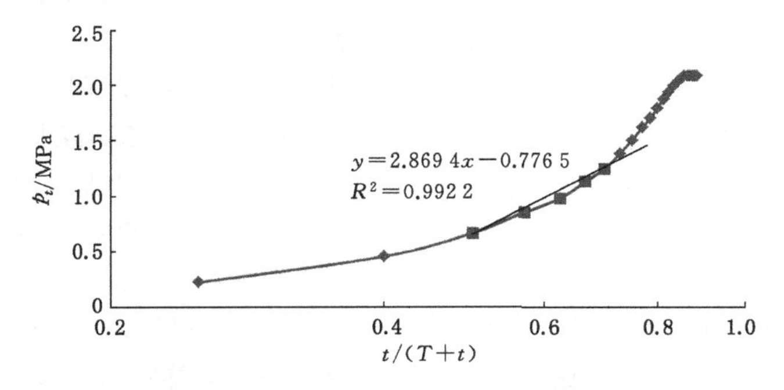

图 3-21 潘一东矿 13-1 煤层 8# 测压钻孔压力恢复曲线

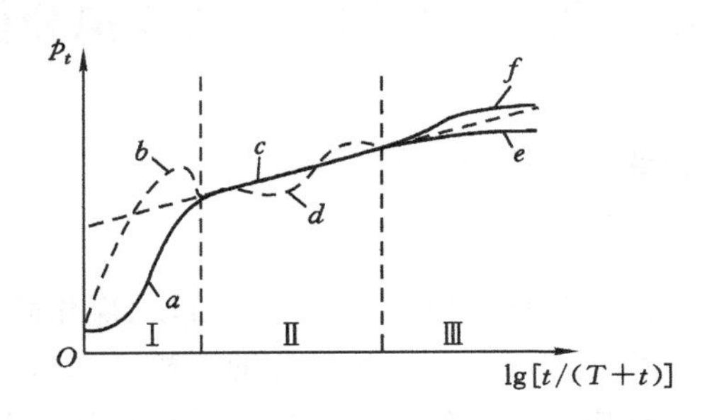

图 3-22 修正后的煤层瓦斯压力恢复曲线

第Ⅰ线段——续流段。受关井后续流的影响，曲线呈现弯曲形状。续流为正值时，第Ⅰ线段位于第Ⅱ线段延长线的下面(图 3-22 中 *a*)；续流为负值时，曲线位于第Ⅱ线段延长线的上方(图 3-22 中 *b*)。

理论上压力恢复曲线呈直线状，其是在假设气井在井底立即关闭，并且关井后立即停止续流的条件下得出的。实际上，气井关井后流体仍以几乎不变的速度流入井眼。这是因为井筒中的流体是可压缩的，特别是生产时井筒的套管环形空间聚积有大量的可压缩气体，所以只有经过一段时间，当井眼内充满流体以后续流才趋于零。故压力恢复曲线初始段有滞后现象，呈弯曲状(图 3-22 中 *a*)。如实测的佳瑞矿 15# 煤层、天荣一矿二$_2$煤层、吉克矿 M9 和 M11 煤层以及野马煤矿 3# 煤层均符合这种情况。

另一种情况是，关井后井底附近流体流入井眼，此时在密闭的井筒中气体上升到井筒的上部而液体下沉到井筒的下部，在很短时间内井底压力猛然上升，升高速度异乎寻常，2～3 h 压力可升高几倍甚至几十倍大气压力。这种现象常会造成曲线第Ⅰ段中间某部分上跳呈“驼峰”形(图 3-22 中 *b*)。如实测的劳武煤矿 M12 煤层、东庄煤矿 3# 煤层和河滩沟煤矿 3# 煤层均符合这种情况。

第Ⅱ线段——斜率段。通常情况下，此时流入井中的续流量已经很少，其影响可以忽略，因而出现一个直线段(图 3-22 中 *c*)，它真实地反映了地层压力恢复情况。从中可以计算出压力斜率，其为应用公式推定煤层最终瓦斯压力的重要数据。如实测的 19 个测压钻孔，除劳武煤矿 M12 煤层测压钻孔外，其他都出现明显的斜率段。

在多层压力恢复的情况下，气井的压力主要反映高渗透层的压力，影响压力恢复曲线形状的原因复杂。如某些井层间的矛盾突出，高渗透低压层压力恢复平衡后，继有低渗透高压层压力恢复叠加，造成压力恢复曲线形状呈“蛇曲”形(图 3-22 中 *d*)，介于第Ⅱ与第Ⅲ线段之间。如实测的劳武煤矿 M12 煤层符合这种情况。

第Ⅲ线段——边界反应段。通常诠释压力恢复曲线都用的是无限大地层弹性方程，但实际用在有限地层上要受一定的时间限制，若恢复时间太长，供给边缘将开始影响压力恢复曲线形状。若边界为封闭的，则曲线位于第Ⅱ线段延长线的下方(图 3-22 中 *e*)，如佳瑞矿 15# 煤层、吉克矿 M11 煤层；如边界为渗透边界，受断层、注水强度影响等，则曲线位于第Ⅰ线段延长线之上(图 3-22 中 *f*)，如陶二矿 2# 煤层、葛店矿三$_2$煤层、沁城矿 2# 煤层、临漳矿 2# 煤层、吉克矿 M9 煤层、劳武煤矿 M12 煤层、东庄煤矿 3# 煤层、野马煤矿 3# 煤层、潘一东矿 11-2 煤层和 13-1 煤层。在煤层气井中该段曲线最终一般都转为平缓状，接近水平线。

3.3 煤层瓦斯压力恢复曲线影响因素数值模拟分析

3.3.1 煤层瓦斯压力恢复曲线影响因素分析

3.3.1.1 煤层微观结构特征

煤体的强度比岩体强度低很多，这使得煤体在成岩阶段、煤化阶段及构造活动中产生了很多的内生裂隙和外生裂隙，并且煤层作为一种独特的有机烃源岩，在其产生有机烃气体过程中会伴随流体压力膨胀，多种应力作用使得煤体裂隙系统更加复杂；煤层作为瓦斯的产气母质及储存场所，煤体内部的裂隙通道系统的规模、裂隙内部连通性及裂隙发育程度决定了煤层的渗透性。

割理是煤体中普遍存在的一种内生裂隙，它对煤层瓦斯的产出有重要的影响。割理在煤体中普遍以两组产出，它们以互相垂直或者大致垂直的形式出现，较早形成的一组割理为面割理，较晚形成的一组割理为端割理。面割理延伸一般都比较长，连通性能好；端割理则与其不同，连通性能较差。由于这两种割理的特性，煤储层渗透性有明显的各向异性。根据国内外对不同类型的煤体割理特征的研究，将煤体割理的组合形式分成为网状类型、孤立-网状类型和孤立状类型。不同组合类型的割理，其瓦斯渗透性有着很大差异，在煤层地应力、微观结构、外生裂隙结构特征和裂隙充填程度相近的情况下，网状类型割理的煤体渗透性最好，孤立-网状类型割理的煤体渗透性中等，孤立状类型割理的煤体渗透性最差。从煤体渗透性的各向异性角度来看，网状割理类型的煤体各向异性最不明显，孤立-网状类型割理的煤体各向异性中等，孤立状类型割理的煤体各向异性最明显。

通常煤层具有一组平行层面裂隙，沿着煤岩组分条带的分界面、与煤层层面平行发育，为构造应力薄弱面。其平面延展性较好，几乎可连通所有类型的显微裂隙，该方向的煤层透气性最大，这也是煤层瓦斯渗流简化为径向流的主要依据。

3.3.1.2 煤层透气性

瓦斯压力恢复曲线最直接的影响因素是煤层的渗流参数，主要包括流动系数、比流动系数、有效渗透率(透气性系数)、导压系数等。其中，煤层的有效渗透率即煤层透气性系数，是衡量煤层透气难易程度的一个基本指标，在进行煤层瓦斯抽采设计和瓦斯突出机理研究时都要用到这个参数。而煤层透气性主要受到以下几个因素的影响。

(1) 煤体损伤对煤层透气性的影响

采用钻孔封孔法测定瓦斯压力，钻孔穿过煤层必然会造成钻孔周围煤岩体的破裂损伤，诱导裂隙张开扩展，形成以钻孔为中心的圆形或类圆形的裂隙贯通发育区域。该区域由于裂隙发育、贯通性好，为瓦斯渗流提供了非常便利的渗流通道，因此渗透性会较之前有明显的提高。而在距离钻孔较远的煤层区域，较少受到钻孔施工诱导作用影响或者并未受到影响，没有新的裂隙形成，煤层只是在原有的面割理和端割理的条件下具有相对较小的渗透性。因此，煤层钻孔瓦斯压力能够迅速降低，而在距离钻孔较远处瓦斯压力降低得并不明显，这也是钻孔抽采瓦斯影响半径通常较小的主要原因之一。

(2) 有效应力对煤层透气性的影响

煤样渗透率随有效应力的增大而减小，呈现出负指数变化关系，这与现场实际情况相一致。在应力集中区煤体透气性降低，在卸压区煤体透气性增加，因此在进行瓦斯抽采时，要取得良好的效果，应采取卸压增透措施以提高抽采量。大量试验研究表明，煤对瓦斯的吸附属于物理吸附，吸附等温线服从朗缪尔方程，煤体分子之间、煤体分子和煤层中气体分子之间的引力越强，煤体表面张力越大，煤体的表面积越大，煤体的吸附能力也就越强。当煤层中气体分子和煤体分子相互吸附后，煤体的表面张力会降低，煤体发生膨胀和变形。

(3) 温度对煤层透气性的影响

试验研究表明，当煤体温度升高或者降低时，煤体会发生热膨胀和变形。煤体的热膨胀主要为内向膨胀及外向膨胀两种形式，由于外力产生的约束作用煤体温度升高发生内向膨胀，内向膨胀会使煤体的微孔孔隙和裂隙变窄，煤体的渗透率降低。煤体所处的环境温度升高，煤体会发生外向膨胀，并且会产生热膨胀应力，当热膨胀应力大于临界有效应力时，煤体会向外膨胀,煤体内的原生裂隙也随着向外扩展,随着煤体温度升高煤体渗透率逐渐增大;当热膨胀应力小于临界有效应力时,煤体会被压缩,煤体的温度越高热膨胀应力越大,煤体被压缩的空间范围也就越大,会出现随着煤体温度升高煤体渗透率逐渐减小的现象。

(4) 孔隙压力对煤层透气性的影响

保持煤体的围压和轴压恒定不变,煤体的渗透率和煤体的孔隙压力会呈非线性的关系,如图 3-23 所示,即随着孔隙压力的增加,煤体渗透率呈现先降低而后上升的趋势。在围压和轴压保持恒定的情况下,从吸附角度分析,随着孔隙压力的增加,煤样两端孔隙压力梯度增大,煤样内孔隙裂隙表面所吸附气体量增多,吸附瓦斯层加厚,从而减小了微孔隙的渗透截面积,因而渗透率减小;当煤样达到吸附饱和状态,继续增大瓦斯压力将使孔隙裂隙扩张,裂隙连通性增加,煤体的透气性增大。

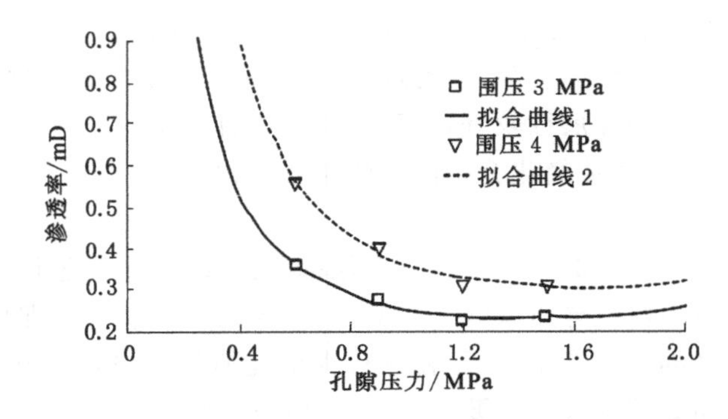

图 3-23　恒围压轴压条件下煤层渗透率随孔隙压力的变化曲线

3.3.1.3　瓦斯含量及瓦斯压力

瓦斯压力是煤体内部孔隙内游离态瓦斯分子进行自由热运动产生的作用力。瓦斯压力和瓦斯含量有着紧密的关系,一般来说,瓦斯含量越高的煤层,瓦斯压力也会越大,测压钻孔施工过程中瓦斯更容易从钻孔中流出。研究表明,在瓦斯压力较小时,煤层中吸附态瓦斯占主导地位;随着煤层瓦斯压力的不断增大,吸附态瓦斯在煤层中趋于饱和,此时游离态瓦斯在煤层中所占的比例会逐渐升高,这有利于瓦斯压力的准确测定。对瓦斯压力和瓦斯含量产生影响的各个因素也会影响煤层瓦斯压力恢复曲线。煤层瓦斯压力及瓦斯含量影响因素主要包括以下几个方面。

(1) 埋深

随着煤层的埋深增加,地应力逐渐增大,煤层的透气性逐渐降低;并且埋深的增加会使煤层内瓦斯向地表运移逸散的距离增大,这使得瓦斯排放更加困难,会产生煤层瓦斯排放的不利条件。所以,掌握煤层瓦斯压力和瓦斯含量随埋深的变化规律具有重要的意义。

(2) 围岩岩性及透气性

煤层所处地层围岩的岩性和透气性对瓦斯压力有重要影响。研究表明,严重突出危险性煤层的围岩大都为透气性极差的封闭岩层。

(3) 地质构造

地质构造的类型对瓦斯储存有重要的影响,封闭类型地质构造对瓦斯的排放不利,而开放类型地质构造对瓦斯排放有利。封闭类型地质构造多位于应力集中区,在此区域内煤层瓦斯压力较大；开放类型地质构造多位于裂隙发育区，煤层瓦斯排放通道多，在此区域内煤层瓦斯压力较小。

(4) 煤层采掘活动

在煤层内进行采掘活动会使煤体受到破坏，破坏后的煤体应力会重新分布，煤体内部也会产生大量次生透气性结构，处在卸压区的煤层透气性增强，有利于瓦斯排放；处在集中应力区的煤层透气性降低，不利于瓦斯排放。保护层开采就是利用这一原理，开采保护层的采动影响会使被保护层形成卸压区，再对被保护层进行卸压瓦斯抽采，从而达到消除被保护层突出危险性的目的。

(5) 水文地质条件

在煤层及其围岩中地下水与瓦斯共存，它们的储存和扩散与煤岩体的孔隙通道、裂隙通道有紧密的关系。地下水活跃的区域，地下水的流动、溶解和侵蚀作用导致瓦斯流失，这些作用对瓦斯的排放有利，使得此区域的瓦斯含量和瓦斯压力降低。

(6) 岩浆侵蚀活动

岩浆侵蚀会使煤岩体产生胀裂或压缩，高温的岩浆会提高煤体的变质程度，使煤层储存瓦斯的能力增强，煤层的吸附能力也随着增加。有关资料显示，在相同条件下，随着煤层煤化程度的不断提高，煤层瓦斯含量和瓦斯含量梯度逐渐增大。尤其是冷却后的岩浆成为煤层的顶板，这会使得局部煤层被岩浆覆盖，煤层瓦斯的逃逸通道被阻断，煤层瓦斯压力和瓦斯含量比较大。

3.3.2　煤层瓦斯渗流-应力耦合模型

煤层中瓦斯的流动运移过程十分复杂，主要与煤层的孔隙结构和瓦斯赋存状态有关。相关研究成果表明，瓦斯在煤层中的赋存状态主要有吸附态和游离态，游离态瓦斯以气体的形式赋存于煤层孔隙和裂隙间；吸附态瓦斯主要以固溶体形式吸附在煤体孔隙的内表面。伴随着煤层开采活动的影响，煤体内吸附态瓦斯和游离态瓦斯之间的动态平衡被破坏，煤体孔隙间瓦斯开始流动和运移，一部分吸附态瓦斯转化为游离态瓦斯，瓦斯这一流动和运移过程可采用朗缪尔方程描述。此外，煤层瓦斯实际排放过程很缓慢，孔隙通道内的瓦斯压力梯度很小，煤层瓦斯运移过程可看作等温过程和准热力平衡过程，在此过程中可忽略瓦斯解吸对渗流的影响。

3.3.2.1　煤层应力控制方程

根据煤体中的孔隙分布和裂隙系统以及相关研究成果，瓦斯对煤的力学性质（力学响应）和变形特性（体积响应）具有重要的影响。基于等效连续介质模型，将煤层介质简化为横观各向同性弹性体（图3-24），在孔隙流体压力 p 作用下，煤岩体的弹性本构关系为：

$$\boldsymbol{\sigma}_{ij}' = \boldsymbol{D}_{ijkl}\boldsymbol{\varepsilon}_{kl} - \alpha\delta_{ij}\boldsymbol{p} \quad (i,j=1,2,3) \tag{3-4}$$

式中　$\boldsymbol{\sigma}_{ij}'$——有效应力张量；

α——孔隙流体压力系数，$0<\alpha<1$；

δ_{ij}——克罗内克符号；

$\boldsymbol{\varepsilon}_{kl}$——应变张量，$\boldsymbol{\varepsilon}_{kl}=(\boldsymbol{U}_{k,l}+\boldsymbol{U}_{l,k})/2$；

$\boldsymbol{U}$——煤岩体位移；

$\boldsymbol{D}_{ijkl}$——弹性张量，可表示为 6×6 的刚度矩阵 $\boldsymbol{D}$。

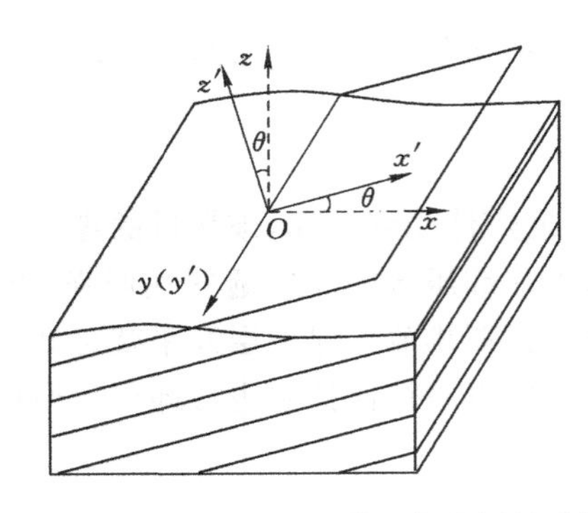

图 3-24　不同坐标系下的横观各向同性弹性体

根据各向异性材料力学理论可知，对于横观各向同性弹性体，刚度矩阵 **D** 共包含 5 个基本的变形参数，可表示为：

$$\boldsymbol{D}=\begin{bmatrix} C_{11} & C_{12} & C_{13} & 0 & 0 & 0 \\ C_{12} & C_{22} & C_{13} & 0 & 0 & 0 \\ C_{13} & C_{13} & C_{33} & 0 & 0 & 0 \\ 0 & 0 & 0 & C_{44} & 0 & 0 \\ 0 & 0 & 0 & 0 & C_{55} & \\ & & & & & C_{66} \end{bmatrix} \tag{3-5}$$

$$\begin{cases} C_{11}=\dfrac{E_1(1-n\mu_{13}^2)}{(1+\mu_{12})(1-\mu_{12}-2n\mu_{13}^2)} \\ C_{12}=\dfrac{E_1(\mu_{12}+n\mu_{13}^2)}{(1+\mu_{12})(1-\mu_{12}-2n\mu_{13}^2)} \\ C_{13}=\dfrac{E_1\mu_{13}}{1-\mu_{12}-2n\mu_{13}^2} \\ C_{33}=\dfrac{E_3(1-n\mu_{12}^2)}{1-\mu_{12}-2n\mu_{13}^2} \\ C_{44}=\dfrac{E_1}{1+\mu_{12}} \\ C_{55}=C_{66}=2G_{13} \\ n=E_1/E_3 \end{cases} \tag{3-6}$$

式中　E_1, μ_{12}——各向同性平面中的弹性模量和泊松比；

E_3, μ_{13}, G_{13}——垂直于各向同性平面中的弹性模量、泊松比和剪切模量。

3.3.2.2　瓦斯流动控制方程

瓦斯在煤层中的流动满足质量守恒定律。

$$\frac{\partial W}{\partial t}+\nabla\cdot(\rho_g q_i)=Q \tag{3-7}$$

式中　W——瓦斯含量；

ρ_g——瓦斯密度；

q_i——瓦斯渗流速度（$i=1,2,3$，代表渗流三个主方向）；

Q——源汇项；

t——时间变量。

假设瓦斯为理想气体，流动过程为等温过程，考虑气体的可压缩性，瓦斯密度和瓦斯压力满足如下关系：

$$\rho_g = C_p p \tag{3-8}$$

式中　C_p——瓦斯压缩系数，可由瓦斯气体分子量 M_g、摩尔气体常数 R 和绝对温度 T 表示，$C_p=M_g/(RT)$。

煤层中瓦斯含量为吸附瓦斯量和游离瓦斯量之和，根据朗缪尔方程可表示为：

$$W = C_p\left(\frac{\varphi}{p_{sc}} + \frac{ab\rho_s}{1+bp}\right)p^2 \tag{3-9}$$

式中　φ——孔隙率；

a——煤层的最大吸附瓦斯量；

b——煤层的吸附常数；

p_{sc}——标准大气压；

ρ_s——煤层密度；

C_p——瓦斯压缩系数。

假设煤层中游离瓦斯在压力梯度作用下的运动规律符合渗透定律，则有：

$$q_i = -\frac{k_i}{\mu}\nabla p \tag{3-10}$$

式中　q_i——瓦斯渗流速度；

k_i——瓦斯渗透率；

μ——瓦斯动力黏度；

p——瓦斯压力。

将式(3-5)、式(3-6)、式(3-7)代入式(3-4)，即可得到考虑瓦斯吸附解吸过程的渗流连续性方程：

$$C_p\left[\frac{\varphi}{p_{sc}} + \frac{ab\rho_s}{1+bp} - \frac{ab^2\rho_s}{2(1+bp)^2}p\right]\frac{\partial p^2}{\partial t} - \nabla\cdot\left(C_p\frac{k_i}{\mu}\nabla p^2\right) = Q \tag{3-11}$$

3.3.2.3　气固耦合关系方程

煤层的孔隙结构复杂多变，为研究煤层瓦斯运移形式和渗透特征，将煤层简化为由裂隙和孔隙共同组成的双重介质。瓦斯的吸附解吸过程主要在煤层孔隙结构中进行，通过孔隙率的变化反映出来；而裂隙渗透性远高于孔隙的渗透性，瓦斯在可变形煤层中的流动主要在裂隙介质中完成。煤层的孔隙率与应力状态满足如下关系：

$$\varphi = (\varphi_0 - \varphi_r)e^{-\alpha_\varphi\sigma_\mu/3} + \varphi_r \tag{3-12}$$

式中　φ_0，φ_r——不受外力作用时和高压缩应力状态下的煤层孔隙率；

α_φ——渗透率的应力敏感系数，一般取 5.0×10^{-8} Pa^{-1}。

从系统的角度将煤的孔隙结构特性及瓦斯运移形式分成“单孔-单渗透”系统、“双孔-单渗透”系统和“双孔-双渗透”系统三类。依据该分类，将煤层及其中的瓦斯渗流视为“双孔-单渗透”系统进行研究，即把煤体孔隙结构理想化为孔隙裂隙双重介质模型；仅考虑裂隙渗透率，可将煤层中的瓦斯运移视为解吸-渗流串联的两步过程。提出的耦合模型中，简化后的渗流-应力耦合方程为：

$$k_i = k_i^0 e^{-\xi[(\sigma_1+\sigma_2+\sigma_3-\sigma_i)/2]} \quad (i=1,2,3) \tag{3-13}$$

式中 ξ——耦合系数(应力敏感因子)，由试验确定。

3.3.3 煤层瓦斯压力恢复曲线影响因素数值模拟

3.3.3.1 煤层瓦斯压力恢复数值模型建立及参数选取

为建立数值模型，结合现场钻孔瓦斯压力测试方法和结果，提出如下假设：

① 假设煤层瓦斯压力降低、恢复变化过程是一个等温的物理过程。

② 假设瓦斯在煤层中的渗流符合达西定律。

③ 假设钻孔周围煤岩破裂损伤区是以钻孔为中心的具一定半径的圆形裂隙发育带，且损伤区内围岩渗透性较原始煤层增大一个数量级。

通过对穿层钻孔封孔测压方法测定深部煤层瓦斯压力工程实践的合理简化，建立如图 3-25 所示的理想化三维煤层瓦斯压力恢复数值模型。该模型由三部分组成，分别对应图中编号 1、2、3，其中 1 表示煤层，长和宽均为 50 m，高为 3 m，2 表示瓦斯压力测试钻孔，位于煤层底部正中间位置，孔径为 75 mm，长为 h(单位为 m)，倾角为 90°，3 表示钻孔施工过程中诱发的煤层损伤区，损伤区半径为 2 m。

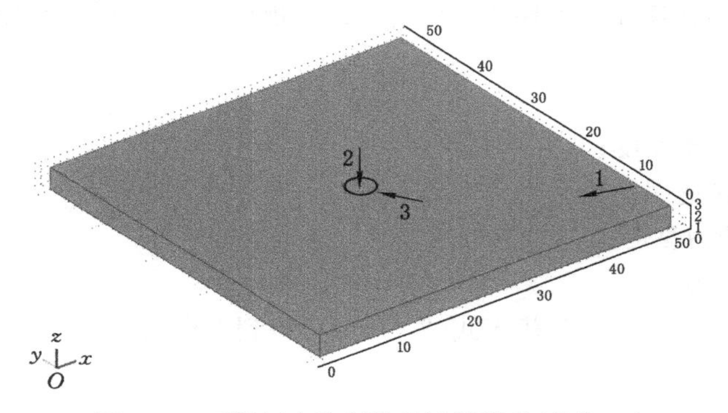

图 3-25 瓦斯压力恢复数值计算模型(单位：m)

定解条件为：模型承受自重及上覆岩石重力作用，在上边界施加 10 MPa 的等效上覆载荷，四周及底面边界均约束法向位移。穿层钻孔封孔测压过程包含封孔前瓦斯自然排放和封孔后瓦斯压力恢复两个物理过程。因此在数值计算时，渗流分为两个步骤。第一步：封孔前瓦斯自然排放过程。煤层内初始瓦斯压力为 1.2 MPa，测压钻孔为定常标准大气压 p_{sc} 边界，瓦斯自然排放时间为 T(单位为 d)。第二步：封孔后瓦斯压力恢复过程。将第一步计算得到的煤层瓦斯压力分布作为瓦斯压力恢复的初始压力场，设置模型四周侧边界为恒定瓦斯压力(1.0 MPa)边界，上、下底面均为无流动边界，钻孔为内部连续边界，瓦斯压力恢复时间为 t(单位为 d)。该计算模型被划分为 14 803 个四面体网格单元。

采用 COMSOL 有限元软件作为数值模拟的计算工具。数值计算所采用的物理力学参数主要根据已有的研究成果并结合工程实践进行选取，如表 3-1 所列。

表 3-1　物理力符号学参数

物理量	符号/单位	数值
弹性模量	$E_1(E_2)$/GPa	5.0
	E_3/GPa	2.5
泊松比	$\nu_1(\nu_2)$	0.25
	ν_3	0.3
	ν	0.275
剪切模量	G_3/GPa	1.25
渗透系数	$K_1(K_2)$/(m/s)	1.33×10^{-7}
	K_3/(m/s)	7.82×10^{-9}
初始孔隙率	φ_0	0.12
高压缩应力状态下孔隙率	φ_r	0.04
吸附常数	$a/(m^3/kg)$	3.817×10^{-2}
	b/Pa^{-1}	1.071×10^{6}
瓦斯压缩系数	C_p/[kg/(m^3·Pa)]	7.71×10^{-7}
煤层密度	ρ/(kg/m^3)	1 250
瓦斯动力黏度	μ/(Pa·s)	1.84×10^{-5}
孔隙流体压力系数	α	0.8
耦合系数	β	0.1
标准大气压	p_{sc}/Pa	1.013×10^{5}

3.3.3.2　模拟结果分析

以煤层厚度为 3 m，测压钻孔形成 1 d 后完成钻孔封堵工作，封孔后测压时间为 20 d 为例进行数值模拟，模拟结果见图 3-26 至图 3-29。瓦斯压力测试分为两个物理过程，对应数值模拟的两个步骤，第一步为钻孔施工瓦斯自然排放，即孔底瓦斯压力逐渐降低的过程，自然排放 1 d 后，煤层瓦斯压力分布情况如图 3-26 所示；第二步为封孔后瓦斯压力逐渐恢复，即孔底瓦斯压力逐渐上升，恢复为原始地层压力的过程，瓦斯压力恢复 20 d 后，煤层瓦斯压力分布情况如图 3-28 所示，其中箭头表示瓦斯渗流速度矢量。

由图 3-26 和图 3-27 可知，测压钻孔封孔前，钻孔周围煤岩松动圈内裂隙发育，瓦斯渗透性较强，故瓦斯渗流速度明显较远离钻孔处大，如图 3-26(a)所示；这致使钻孔附近瓦斯含量急剧减小，如图 3-27 所示。瓦斯在整个煤层中以面割理为主要渗流通道，向钻孔渗流排出；随着瓦斯含量的逐渐降低，瓦斯压力同步降低，最终瓦斯压力形成以钻孔为中心的同心圆形等压力面，瓦斯压力随同心圆半径的增大而逐渐减小，如图 3-26(b)所示。

图 3-28 和图 3-29 为封孔 20 d 后煤层瓦斯压力和瓦斯含量分布情况。由图可知，封孔后由于边界处瓦斯源源不断补给，在压差的驱动下瓦斯逐渐向钻孔处渗流，若时间足够长，钻孔处瓦斯含量和瓦斯压力与边界处的基本保持一致后，瓦斯压力趋于平衡，整个地层瓦斯渗流速度变得缓慢。

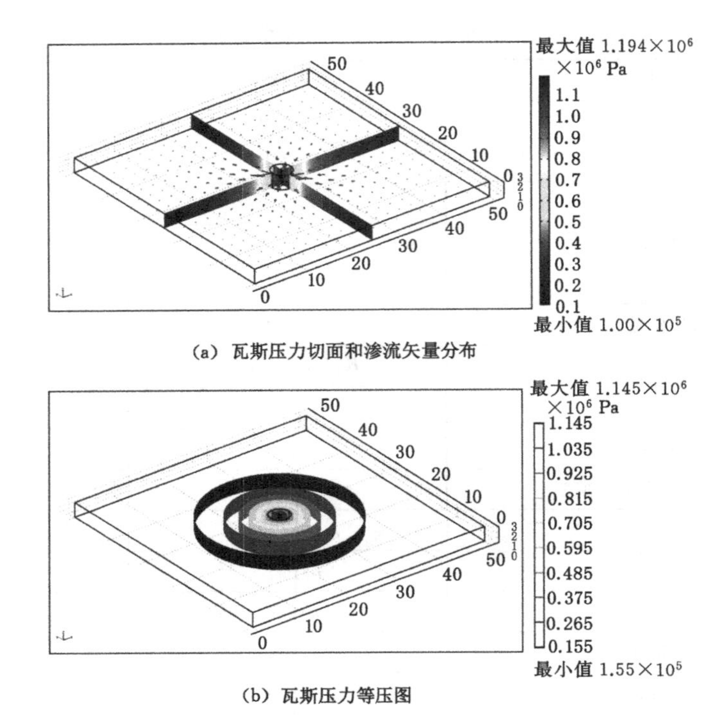

(a) 瓦斯压力切面和渗流矢量分布

(b) 瓦斯压力等压图

图 3-26　瓦斯自然排放 1 d 后煤层瓦斯压力

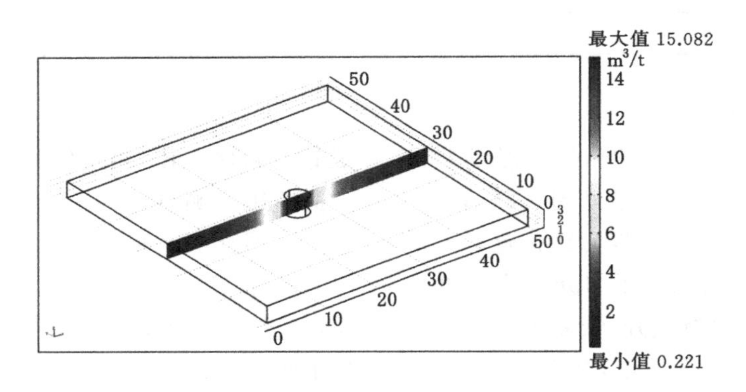

图 3-27　瓦斯自然排放 1 d 后煤层瓦斯含量分布

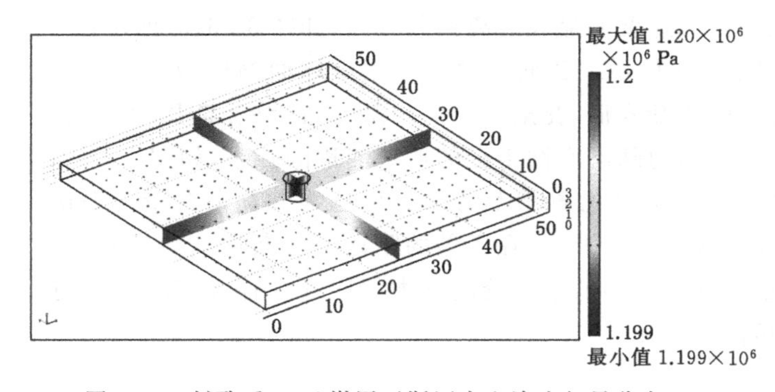

图 3-28　封孔后 20 d 煤层瓦斯压力和渗流矢量分布

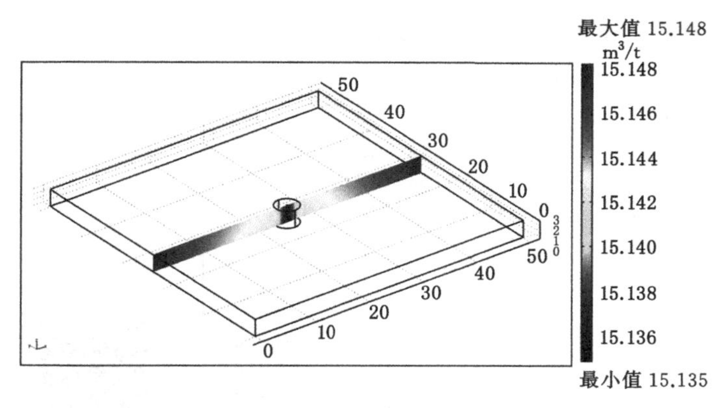

图 3-29　封孔后 20 d 煤层瓦斯含量分布

在钻孔底部布置监测点，监测封孔后煤层瓦斯压力变化情况，监测得到的瓦斯压力恢复曲线如图 3-30 所示。为了确定瓦斯压力恢复曲线的斜率段，采用如下方法：从煤层瓦斯压力恢复极限点（1 m，1.2 m）出发作任意一条竖直向下的直线 L，然后以极限点（1 m，1.2 m）为定点顺时针旋转直线 L，直到该直线 L 与压力恢复曲线有重合部分（交点最多）为止，该位置直线即瓦斯压力恢复曲线斜率段，直线斜率即瓦斯压力恢复曲线的线性段的斜率 i，图 3-30 中瓦斯压力恢复曲线线性段方程为 $y=1.173\ 5x+0.066\ 8$，即 $i=1.173\ 5$。

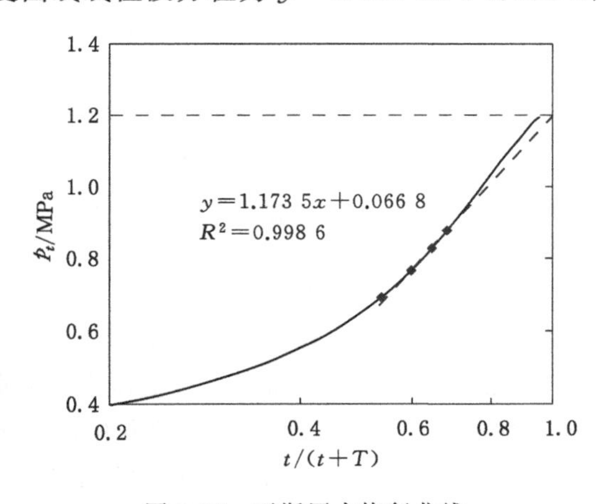

图 3-30　瓦斯压力恢复曲线

3.3.3.3　不同因素影响下瓦斯压力恢复曲线特征

采用同样的数值模拟方法，通过变换不同的影响因素，进行不同工况下瓦斯压力恢复的数值模拟，分析生产时间、煤层厚度、煤层透气性、上覆载荷（或埋深）、煤层瓦斯含量对瓦斯压力恢复曲线的影响规律。

(1) 生产时间对瓦斯压力恢复曲线的影响

设置生产时间分别为 1 d、2 d、5 d，同时保持其他因素不变，进行瓦斯压力恢复的数值模拟，瓦斯压力恢复曲线的模拟结果如图 3-31 所示（扫描图中二维码获取彩图，下同）。根据压力恢复曲线线性段斜率的确定方法，得到不同生产时间所对应的压力恢复曲线线性段的方程，绘制生产时间与压力恢复曲线线性段斜率的关系曲线，如图 3-32 所示。从图 3-32

中可以看出，折算生产时间与瓦斯压力恢复曲线线性段斜率呈线性关系，且折算生产时间越长，压力恢复曲线线性段斜率越大。

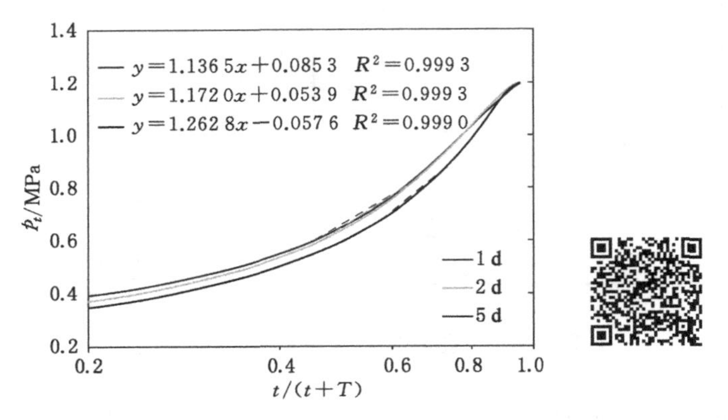

图 3-31 不同生产时间下瓦斯压力恢复曲线

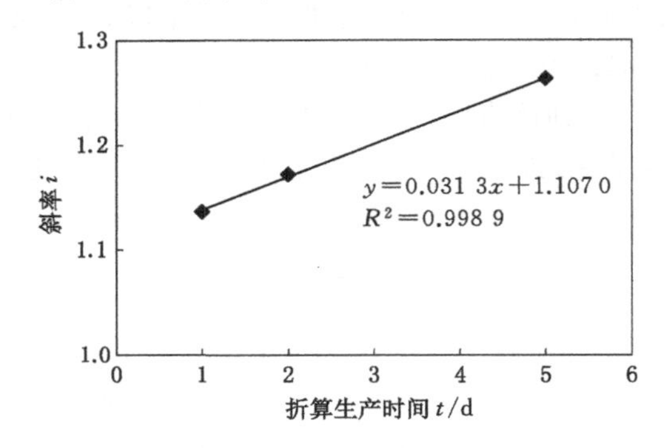

图 3-32 生产时间与压力恢复曲线线性段斜率的关系

(2) 煤层厚度对瓦斯压力恢复曲线的影响

设煤层厚度分别为 3 m、4 m、5 m，同时保持其他因素不变，进行瓦斯压力恢复的数值模拟，瓦斯压力恢复曲线的模拟结果如图 3-33 所示。根据压力恢复曲线线性段斜率的确定方法，得到不同煤层厚度所对应的压力恢复曲线线性段的方程，绘制煤层厚度与压力恢复曲线线性段斜率的关系曲线，如图 3-34 所示。从图 3-34 中可以看出，煤层厚度与瓦斯压力恢复曲线线性段斜率呈线性关系，且压力恢复曲线线性段斜率随着煤层厚度的增大逐渐减小。

(3) 煤层透气性对瓦斯压力恢复曲线的影响

煤层面割理作为煤层的主要渗流通道，其渗透性直接影响瓦斯渗流速度和瓦斯压力恢复曲线形状。设置煤层面割理的渗透率分别为 $0.1k$、$0.2k$、$0.25k$、$0.4k$、$0.5k$、$0.8k$、k，同时保持其他因素不变，进行瓦斯压力恢复的数值模拟，瓦斯压力恢复曲线的模拟结果如图 3-35 所示。根据压力恢复曲线线性段斜率的确定方法，得到不同煤层渗透率所对应的压力恢复曲线线性段的方程，绘制煤层渗透率与压力恢复曲线线性段斜率的关系曲线，如图 3-36 所示。从图 3-36 中可以看出，煤层渗透率与瓦斯压力恢复曲线线性段斜率呈幂函数关系，且幂函数的指数为负数，压力恢复曲线线性段斜率随着煤层渗透率的增大逐渐减小。

(4) 上覆载荷(或埋深)对瓦斯压力恢复曲线的影响

设置煤层上覆载荷分别为 8 MPa、12 MPa、15 MPa、20 MPa，同时保持其他因素不变，

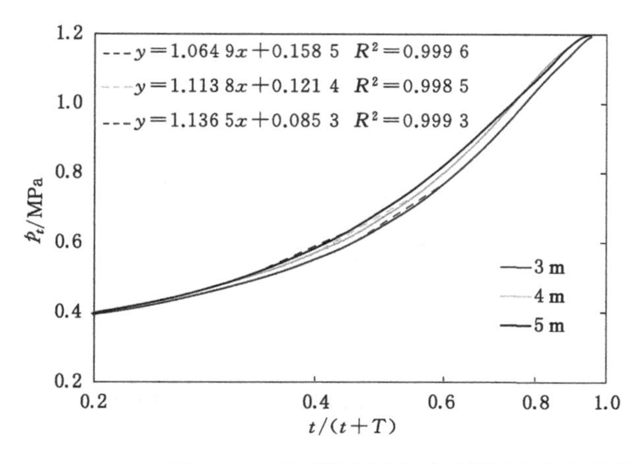

图 3-33 不同煤层厚度下瓦斯压力恢复曲线

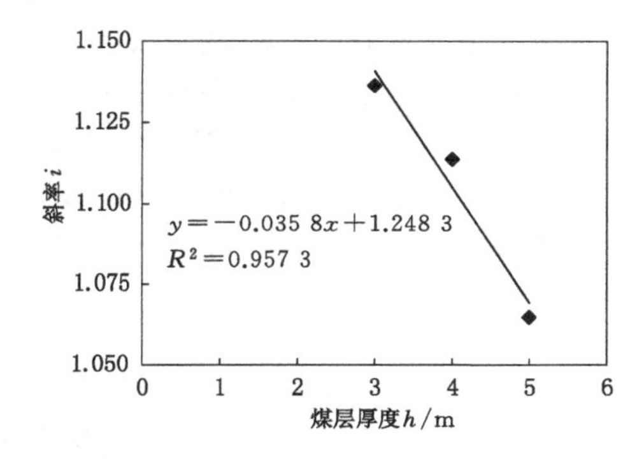

图 3-34 煤层厚度与压力恢复曲线线性段斜率的关系

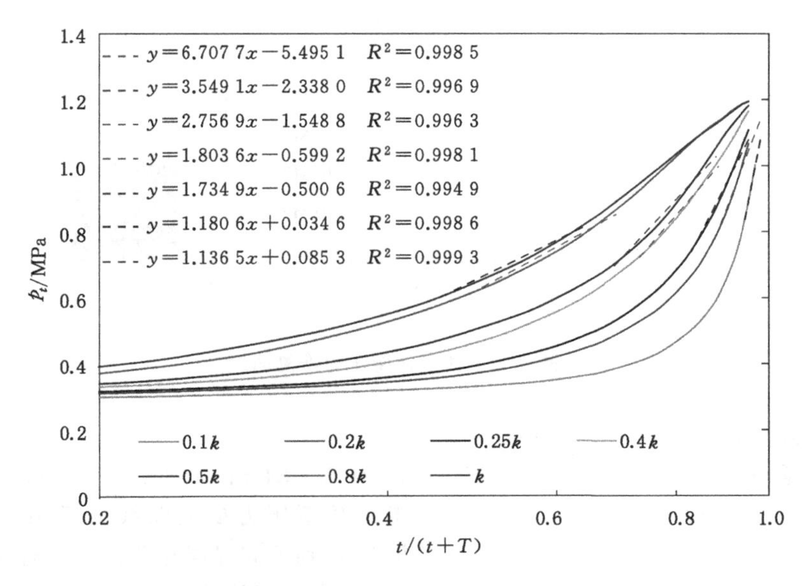

图 3-35 不同煤层透气性条件下瓦斯压力恢复曲线

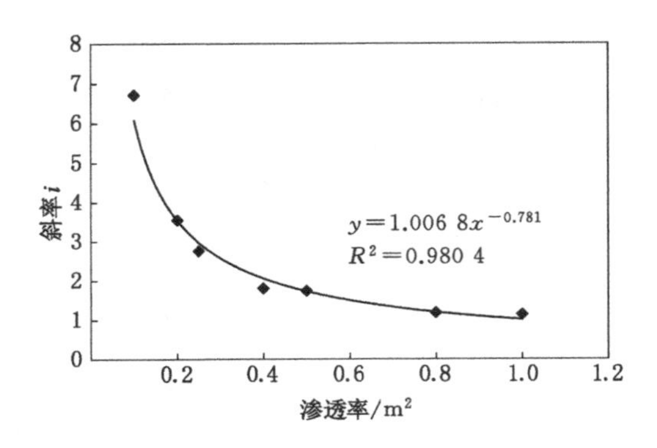

图 3-36　煤层渗透率与压力恢复曲线线性段斜率的关系

进行瓦斯压力恢复的数值模拟。实际上煤层上覆载荷即煤层上覆岩层的自重，也就是说任一种上覆载荷均对应一种煤层埋深情况，因此模拟上覆载荷对瓦斯压力恢复曲线的影响相当于模拟煤层埋深对瓦斯压力恢复曲线的影响，模拟结果如图 3-37 所示。根据压力恢复曲线线性段斜率的确定方法，得到不同煤层上覆载荷条件下所对应的压力恢复曲线线性段的方程，绘制煤层上覆载荷与压力恢复曲线线性段斜率的关系曲线，如图 3-38 所示。从图 3-38 中可以看出，煤层上覆载荷与瓦斯压力恢复曲线线性段斜率呈线性关系，且压力恢复曲线线性段斜率随着煤层上覆载荷的增大而增大，也就是说煤层埋深越深，瓦斯压力恢复曲线线性段斜率越大，而且两者呈线性关系。

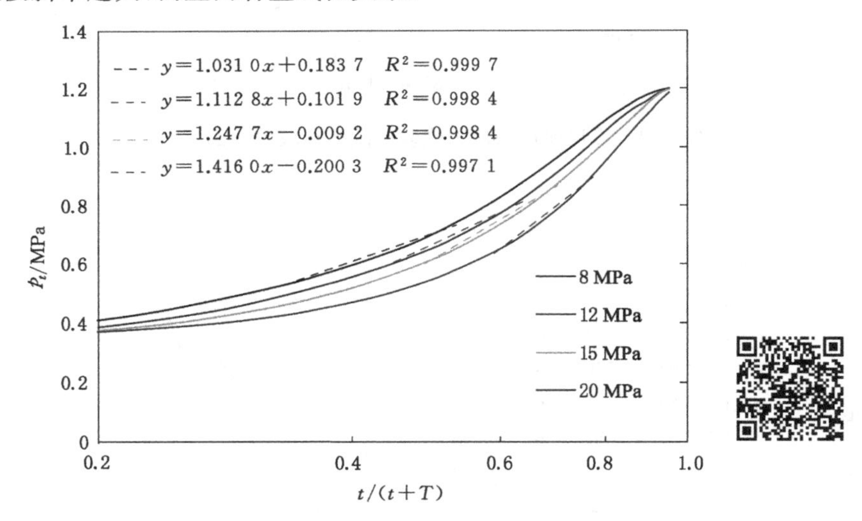

图 3-37　不同上覆载荷条件下瓦斯压力恢复曲线

(5) 煤层瓦斯含量对瓦斯压力恢复曲线的影响

设置煤层瓦斯含量分别为 11.64 m^3/t、15.20 m^3/t、20.84 m^3/t、30.88 m^3/t，同时保持其他因素不变，进行瓦斯压力恢复的数值模拟，得到瓦斯压力恢复曲线的模拟结果如图 3-39 所示。根据压力恢复曲线线性段斜率的确定方法，得到不同煤层瓦斯含量所对应的压力恢复曲线线性段的方程，绘制不同煤层瓦斯含量与压力恢复曲线线性段斜率的关系曲线，如图 3-40 所示。从图 3-40 中可以看出，煤层瓦斯含量与瓦斯压力恢复曲线线性段斜率呈线

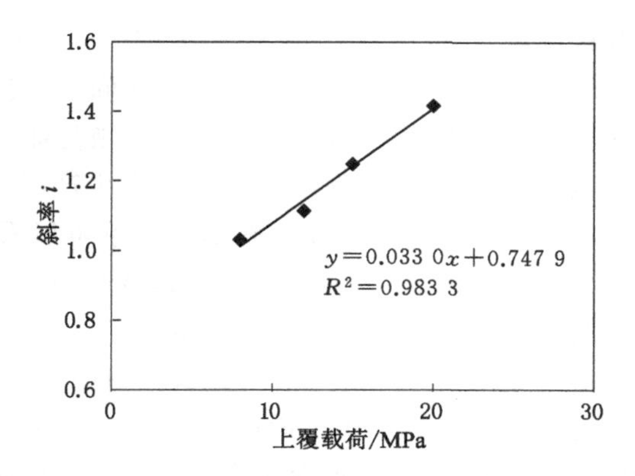

图 3-38　上覆载荷与压力恢复曲线线性段斜率的关系

性关系，且煤层瓦斯含量越大，压力恢复曲线线性段斜率越大。

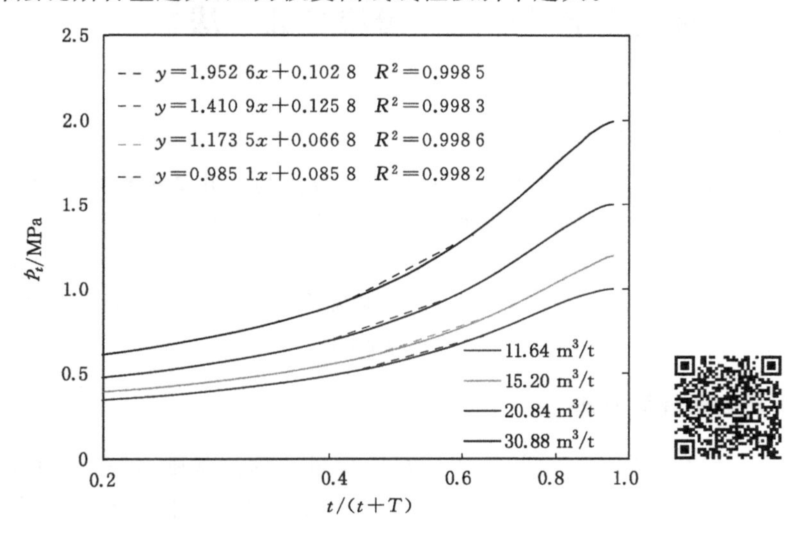

图 3-39　不同煤层瓦斯含量条件下瓦斯压力恢复曲线

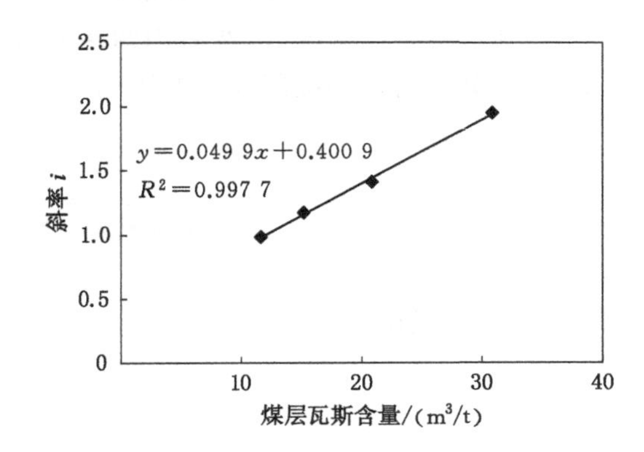

图 3-40　煤层瓦斯含量与压力恢复曲线线性段斜率的关系

通过上述数值模拟分析可以看出，生产时间、煤层厚度、上覆载荷（或埋深）和煤层瓦斯含量与压力恢复曲线线性段斜率均呈线性关系，其中生产时间、上覆载荷（或埋深）和煤层瓦斯含量与压力恢复曲线线性段斜率正相关，煤层厚度与压力恢复曲线线性段斜率负相关；而煤层透气性与压力恢复曲线线性段斜率呈幂函数关系。由生产时间、煤层厚度、上覆载荷（或埋深）和煤层瓦斯含量与压力恢复曲线线性段斜率的关系可以看出，其对压力恢复曲线线性段斜率的影响斜率值（绝对值）为 0.031 3～0.049 9，变化范围不大，影响较小，其中以煤层瓦斯含量对压力恢复曲线线性段斜率的影响最为显著。而煤层透气性（渗透率）与压力恢复曲线线性段斜率为幂函数关系，当渗透率低时，其对压力恢复曲线线性段斜率的影响较大；随着渗透率的提高，其对压力恢复曲线线性段斜率的影响逐渐减小。同时，由斜率的计算公式可以看出，生产时间、渗透率、煤层厚度及生产时的瓦斯流量等因素已经考虑，故在实际应用时可适当考虑瓦斯含量对压力恢复曲线线性段斜率的影响。

3.4 压力恢复曲线测定煤层瓦斯渗流参数方法

3.4.1 煤层瓦斯压力测定方法

应用压力恢复曲线测定煤层瓦斯压力的原理和方法与气井基本相同。由于井下测试瓦斯压力钻孔一般都是刚刚施工的，故整理曲线时最好采用 $p\text{-}\lg[t/(T+t)]$ 关系，在半对数坐标纸上把曲线的线性段延长至无限接近 $t/(T+t)=1$ 时，得到的压力即地层压力。公式中的时间 T 为测量煤层瓦斯压力时钻孔形成后未封孔时间，t 为钻孔封孔后测压时间，理论上测压时间越长，所测的煤层瓦斯压力越接近实际压力。

3.4.2 煤层瓦斯含量计算方法

煤的吸附理论研究是用间接法计算煤层瓦斯含量的理论基础，目前通过煤层瓦斯压力计算煤层瓦斯含量均是以该理论为基础的，虽然有些学者建立的模型略有差异，但是基本原理是相同的。

煤层瓦斯含量由两部分组成，一部分为煤的吸附瓦斯量，另一部分为游离瓦斯量。采用间接法确定煤层瓦斯含量，需要测定煤层瓦斯压力，然后用朗缪尔方程推导煤层瓦斯含量。根据试验测定的吸附常数 a、b 值，并考虑煤的吸附瓦斯的影响因素，可利用式(3-14)间接计算煤层的瓦斯含量。

$$X=\frac{abp}{1+bp}\frac{100-A_{\mathrm{ad}}-M_{\mathrm{ad}}}{100}\frac{1}{1+0.31M_{\mathrm{ad}}}+\frac{10kp}{p_{\mathrm{sc}}\rho'} \tag{3-14}$$

式中 X——煤层瓦斯含量，$\mathrm{m^3/t}$；

a——吸附常数，试验温度下的极限吸附量，$\mathrm{m^3/t}$；

b——吸附常数，$\mathrm{MPa^{-1}}$；

p——煤层原始瓦斯压力，MPa；

A_{ad}——煤的灰分，%；

M_{ad}——煤的水分，%；

k——煤的孔隙率；

p_{sc}——标准大气压，MPa；

ρ'——煤的视密度，t/m³。

3.4.3 煤层渗透率及流动系数等计算方法

首先测定煤层瓦斯压力恢复曲线，然后根据 p_t-lg$[t/(T+t)]$关系得出曲线的斜率 i。因为 $i=\frac{2.19q_G B_G \mu_G}{kh}$，故可以反推出煤层渗透率 k：

$$k=\frac{2.19q_G B_G \mu_G}{ih} \tag{3-15}$$

根据式(3-15)确定的煤层渗透率 k 和已知参数，能求出流动系数 kh/μ_G 和产能系数 kh。

第 4 章　煤层瓦斯参数快速测定封孔装置研制

压力恢复曲线是在气井或钻孔封闭的情况下测得的，因此气井或钻孔的封孔效果是准确测定封闭气井或钻孔压力恢复曲线的关键一环，是瓦斯赋存参数测试最基础的保障性措施。

瓦斯压力测定方法主要有间接测定法和直接测定法两类。间接测定法一般用于难以进行直接测压的条件，计算准确性依赖于其他瓦斯参数的测定结果，只能作为参考。大部分情况下，普遍采用直接测定法测试瓦斯压力。测定时均从岩巷向煤层施工钻孔，然后用黏土、水泥砂浆、胶囊等材料进行封孔，通过从钻孔中引出导气管连接压力测定仪器进行测定。针对封孔段岩层的岩性情况，应采取不同的封孔方法。国内外有关学者在这方面进行了大量有益的研究，使得近年来钻孔封孔工艺技术有很大提升。

4.1　封孔装置研制技术方案

煤层瓦斯压力测定的准确性主要取决于钻孔的封孔工艺技术，所以封孔工艺技术创新已成为必然。多年来的研究表明，封孔效果的好坏、封孔方法的选用主要取决于封孔段的岩性及地质条件。当封孔段岩层坚硬致密时，采用水泥砂浆、黄泥/黏土或胶圈封孔器等就可以取得较好的封孔效果；而当封孔段岩层为松软砂岩、封孔段岩层裂隙发育或封孔段岩层中存在含水层等特殊的复杂地层构造区时，采用常规的封孔方法往往封孔效果不佳，压力测试结果与真实值存在很大差异，测压工作常常失败，对此，需要根据封孔段岩层的情况采取有针对性的封孔材料和封孔方法。国内外学者对特殊地质条件下的压力测试封孔技术进行了大量研究，如许彦鹏等针对围岩松软破碎易垮落的特点，研究采用双套管带压注浆封孔的方法，较好地测得了煤层瓦斯压力。王延林等研究了在遇到裂隙水影响测压情况时，采用带压注浆封堵水源，然后利用胶囊-黏液封孔，并采取主动测压技术，成功测定了煤层瓦斯压力。

目前，按照封孔材料不同，可将测压钻孔封孔法分为黄泥/黏土封孔法、水泥砂浆封孔法、胶圈封孔器封孔法、胶圈-压力黏液封孔法、胶囊-压力黏液封孔法、聚氯酯封孔法等；按测压封孔方法的不同，可分为填料法和封孔器法两类，其中根据封孔器的结构特点，可将封孔器分为胶圈、胶囊和胶圈-黏液等几种。

我国煤矿最早采用黄泥、黏土人工封孔测压。该法是在测压地点施工好钻孔后，在测压导气管前端放入挡片和木楔以留出测压气室，然后人工用木棍将黄泥条或黏土条送入钻孔内捣实以封堵钻孔，其间需要逐段用木楔将黄泥或黏土捣实，最后在距孔口 300～500 mm 段用水泥砂浆封孔，接压力表开始测压工作。由于不同施工人员的操作技术水平和人工封堵钻孔长度所限，黄泥、黏土人工封孔法的封孔质量难以保证。

水泥砂浆封孔法——为减轻人工劳动强度以及提高封孔质量，人们发展了水泥砂浆封孔方法以替代原来的黄泥、黏土封孔方法。对于大俯角下向钻孔，在钻孔内无承压水影响的情况下，人们普遍采用直接灌注水泥砂浆的方法封孔，其方法是在导气管的前端焊接挡片，然后裹缠料带封堵钻孔，再将水泥砂浆直接灌入钻孔中进行封孔。对于上向钻孔，则普遍采用注浆封孔方法，其方法是在孔内放置导气管、注浆管、返浆检查管，先在孔口端采用黏土加挡片固定各管材并封堵孔口，视孔口质量确定封堵长度，一般为 300～500 mm，然后用注浆泵向孔内注入预先调制好的水泥砂浆，当返浆检查管中有水泥砂浆流出时，则停止注浆、关闭注浆阀门、封堵返浆检查管，待 2～3 d 水泥砂浆凝固后装设压力表开始测压。另外，对于倾角较小的测压钻孔，则可在水泥砂浆中加入膨胀水泥和速凝剂以提高钻孔的封孔质量。

胶圈封孔器封孔法——胶圈封孔器由外套管、胶圈、测压管和压力表等组成。在测压钻孔施工好后，将胶圈封孔器放入钻孔中，通过拧紧螺帽使外套管向前移动从而压紧胶圈，使之径向膨胀，从而达到密封钻孔的目的。该法操作简单，且装置可重复利用；缺点是要求封孔段岩层致密完整，对于构造裂隙发育岩层，由于胶圈为固体材料，变形程度低，不能有效封堵钻孔周围的裂隙，封孔质量不能保证。

胶圈-压力黏液封孔法——针对封孔段为松软岩体或裂隙发育岩层的特点，中国矿业大学周世宁教授等研制了胶圈-压力黏液封孔器。它的基本原理是采用膨胀的胶圈封堵高压黏液，再用高压黏液封堵瓦斯气体，即采用两组胶圈形成密闭空间，再在其中注入高压黏液使之密封钻孔裂隙，达到密封钻孔的目的。该法要求在测压过程中黏液压力始终大于煤层瓦斯压力。该法优点是两组胶圈间的黏液可有效密封钻孔裂隙，封孔效果好；缺点是胶圈变形范围有限，对孔壁的完整性要求高，当测压钻孔较深而岩层松软易塌孔时很难将封孔器送到预定位置，另外整套装置价格比较昂贵，当岩层压力较大或破碎时难以回收再利用。

胶囊-压力黏液封孔法——该法是针对胶圈塑性差、变形范围有限的特点而研制的，胶囊可与孔壁紧密接触，密封效果优于胶圈。其密封原理类似于胶圈-压力黏液封孔法。该法优点是胶囊可与孔壁紧密接触，封孔效果好；缺点同胶圈-压力黏液封孔法，一是当测压钻孔较深而岩层松软易塌孔时很难将封孔器送到预定位置，二是当岩层压力较大或岩层局部发生变形时很难回收再利用。

聚氯酯封孔法——聚氯酯是一种高分子合成材料，具有密度小、强度高、热导率低和防水等特点，主要由黑料（多异氰酸酯）和白料（多元醇聚醚）两种药液混合一定时间后发泡而成。聚氯酯封孔法的原理是利用聚氯酯黑料与白料混合后在短时间发泡膨胀的特点进行封孔。该法优点是封孔时工艺简单，省时省力；聚氯酯材料在一定的压力下可渗透到钻孔周边的裂隙中，对钻孔孔隙有一定的密封作用；另外，聚氯酯材料具有可塑性，受压时不易破碎，有较强的适用性。其缺点是黑料与白料混合后发泡快，可操作时间短，不好控制；封孔强度不足，且随着时间的延长或当孔内有水时容易发生泄漏现象。

各种封孔方法都是随着封孔工作的要求而发展起来的，均有它们的优缺点，详见表 4-1。

表 4-1　各种封孔方法的主要优缺点

封孔方法	主要优点	主要缺点	应用情况
黄泥/黏土封孔法	操作简单易行，不需要特殊装置，成本低	人工封孔费时费力，封孔长度短；封孔工艺要求高；只适合于钻孔开口在岩巷中的测压场所，且要求岩层坚硬少裂隙；封孔效果难以保证	很少
水泥砂浆封孔法	成本低，操作简单，封孔长度长，适用性强，密封性较好	地质条件复杂时难以完全封堵裂隙；水泥砂浆在凝固过程中有自收缩效应，故近水平钻孔密封性差	最广
胶圈封孔器封孔法	设备简单，质量轻，易操作，封孔器可回收重复使用	封孔长度短，封孔段若存在裂隙则易漏气，只适用于比较细密、坚硬的岩石钻孔	较少
胶圈-压力黏液封孔法	黏液对两组胶圈间松软、裂隙发育的岩层密封较好；装置轻便，安装快捷；测压时间较短；测压效果比较好	胶圈变形范围有限，对孔壁的完整性要求高，且整套装置价格比较昂贵，当岩层压力较大时难以回收再利用	较少
胶囊-压力黏液封孔法	胶囊与钻孔孔壁接触紧密，封孔效果好；测压时间短；测压效果比较好	仪器成本较高；当煤层松软时，封孔及仪器回收较困难	较广
聚氯酯封孔法	工艺简单，省时省力；测压时间短，成本较低	可操作时间短，不好控制；测压封孔强度不足，存在泄漏问题	少

综合分析各种封孔方法的优缺点可以看出，目前井下钻孔测压封孔技术应用较广的主要有水泥砂浆封孔法和胶囊-压力黏液封孔法，这是未来钻孔测压封孔技术的发展趋势。同时可以看出，这两种封孔方法还有一些技术或材料方面的问题需要进一步研究解决，如水泥砂浆封孔水泥凝固后会收缩产生裂隙而发生泄漏等。在密封材料研制方面，除了膨胀水泥外，还可考虑采用两组分甚至多组分密封液，通过提高反应材料的膨胀率来达到密封孔隙的要求。对于胶囊-压力黏液（或三相泡沫）封孔测压技术，今后需要进一步优化封孔器结构，简化操作，降低成本，提升仪器的适用性和经济性。

压力恢复曲线测定煤层瓦斯渗流参数是建立在对钻孔的严密封堵之上的，因此对钻孔的密封性要求严格。考虑测压段煤岩层的复杂性以及钻孔施工对钻孔周围裂隙的影响，结合目前各种测压封孔技术的应用情况，设计采用带压封孔方式。即在测压钻孔的两端安装封孔器以形成密闭空间，通过注浆管道向密闭空间内注入浆液，并使之达到一定的压力，以实现封堵测压钻孔周围裂隙、孔隙的目的，从而达到密封测压钻孔的要求，准确测得煤层瓦斯压力。同时，研究合适的封孔工艺，设计出尺寸较小或拆装较方便的封孔装置，以便于设备的井下搬运并提高封孔质量。

4.2　封孔装置产品设计

4.2.1　封孔装置的研制

封孔装置由测压导气管、封孔腔、灌浆腔三大部件组成。其中，封孔腔位于测压导气管的两端，由可塑性胶囊和其内的喷头组成，主要起固定封孔段并形成密闭注浆空间(即灌浆腔)的作用。灌浆腔位于两个封孔腔中间，由进液管和排液管组成；灌浆腔长度可根据需要自由调节。封孔装置结构示意图如图 4-1 所示。为考察不同直径、不同长度封孔胶囊的封孔性能，加工了直径分别为 63 mm 和 83 mm，长度分别为 1.0 m 和 1.5 m 的 4 种型号的胶囊，加工的成套封孔装置见图 4-2。

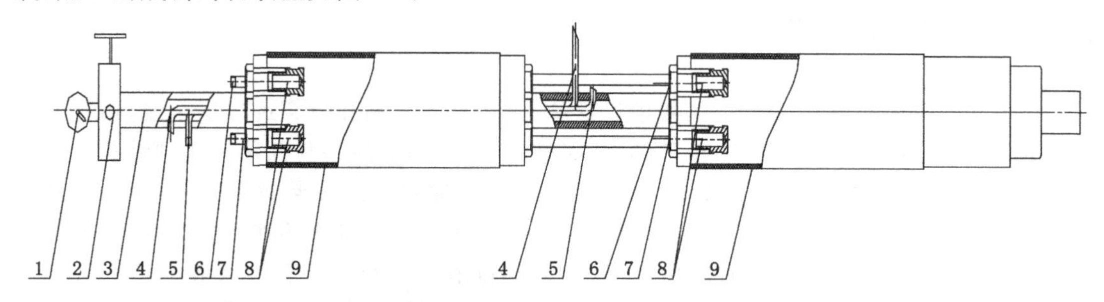

1—测压表；2—阀门；3—测压导气管；4—排液管；5—进液管；
6—A 液进液管；7—B 液进液管；8—喷嘴；9—封孔胶囊。

图 4-1　封孔装置结构示意图

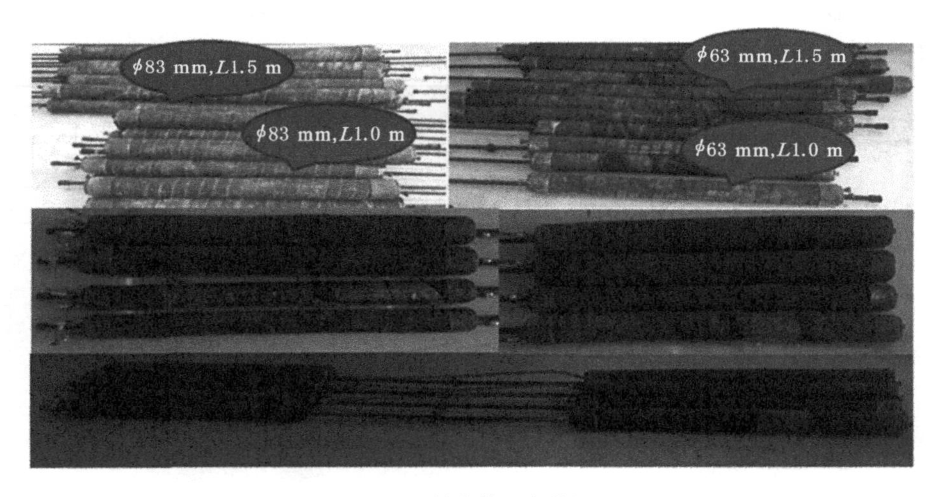

图 4-2　封孔装置实物图

4.2.2　封孔材料及原理

封孔装置的测压导气管采用镀锌钢管。封孔腔可根据封孔段煤岩体的情况设置在一端或两端，封孔腔选用可塑性强的橡胶袋，封孔腔内的膨胀液体可选用聚氨酯，其中聚氨酯发泡后膨胀倍数可高达 20 倍以上。灌浆腔内的注浆材料不采用发泡材料而采用膨胀材料，即膨胀水泥砂浆。这是由于膨胀水泥砂浆凝固后可发生体积膨胀，产生的膨胀力可使封孔段钻孔周围形成高应力区，可进一步充填裂隙，同时也可降低封孔段煤岩体的透气性。

带压封孔方法的原理是利用封孔腔封堵高压膨胀水泥砂浆，而膨胀水泥砂浆在注浆压力的作用下，沿煤岩体裂隙或缝隙渗入钻孔周边影响带内，并逐渐扩展、延伸、膨胀直至与煤岩体咬合固结在一起，形成树枝状分布，最终彻底密封钻孔周边瓦斯泄漏通道。而封孔腔中的聚氨酯 A/B 液通过专用压风注浆装置压入塑性橡胶袋内，橡胶袋内设置有雾化喷头，雾化后的 A/B 液充分混合，短时间内开始反应、膨胀，将封孔管牢牢地固定在钻孔内并形成密封空间。塑性橡胶袋既能减少聚氨酯的浪费，又能防止聚氨酯堵塞测压管，同时在前后两端封孔腔之间形成一个密封的空间。

4.3 带压封孔工艺

首先按照压力恢复曲线理论的要求设计施工穿层钻孔，钻孔应穿透煤层全厚，钻孔成孔后，立即用压风或清水清洗钻孔，清除钻屑，保持钻孔畅通；然后将封孔装置送到钻孔内的设计深度，要求尽量将排液管竖直在上方；再将聚氨酯存储罐与封孔装置的封孔腔 A/B 液进液管连接，打开进液阀门及井下压风管路阀门开始逐个向橡胶袋封孔腔注入适量的聚氨酯溶液；待橡胶袋膨胀固定一定时间后，将注浆泵的排液管与封孔装置灌浆腔的进液管相连接，开启注浆泵，将事先调制好的膨胀水泥砂浆注入灌浆腔，当排液口有浆液流出后停止灌浆，关闭排液管阀门，根据确定好的注浆压力(一般注浆压力取测压地点预测煤层瓦斯压力的 1.5 倍)保持一段时间后(一般为 5～10 min)即可停止，封孔过程结束。待浆液凝固后，连接压力计量仪器，利用压力自然恢复法开始测定煤层瓦斯压力。

封孔测压示意图如图 4-3 所示。

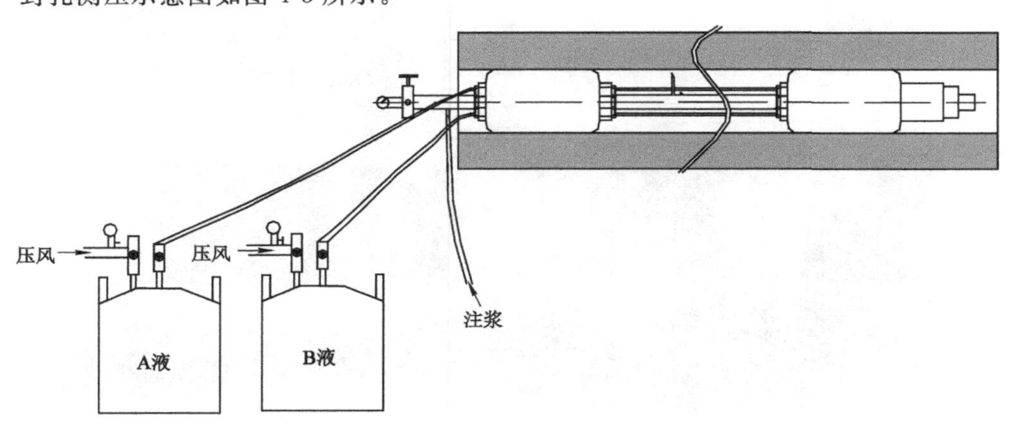

图 4-3　封孔测压示意图

4.4 实验室试验及工业性试验

4.4.1 实验室试验

4.4.1.1 试验目的

为对试制的不同型号、规格的封孔胶囊的性能和封孔效果进行对比，在实验室对其进行了试验。该试验主要对不同长度和直径的封孔胶囊进行耐压试验，并进行不同长度和直径的封孔胶囊封孔段的封孔压力试验，以为在现场选择封孔胶囊提供参考。试验目的如下：

① 研究不同长度和直径的封孔胶囊在自由状态下的长度变化率、直径变化率和爆破压力。

② 研究不同长度和直径的封孔胶囊在限定空间内(钻孔内)的封孔压力和封孔效果。

4.4.1.2　**试验方案**

(1) 自由状态下封孔胶囊试验

通过打压泵向自由状态下封孔胶囊注水,使胶囊膨胀,记录封孔胶囊的直径、长度变化和最大弹性膨胀压力(超过此压力后胶囊不能恢复原形状和性能)。自由状态下的封孔胶囊试验示意图如图 4-4 所示。

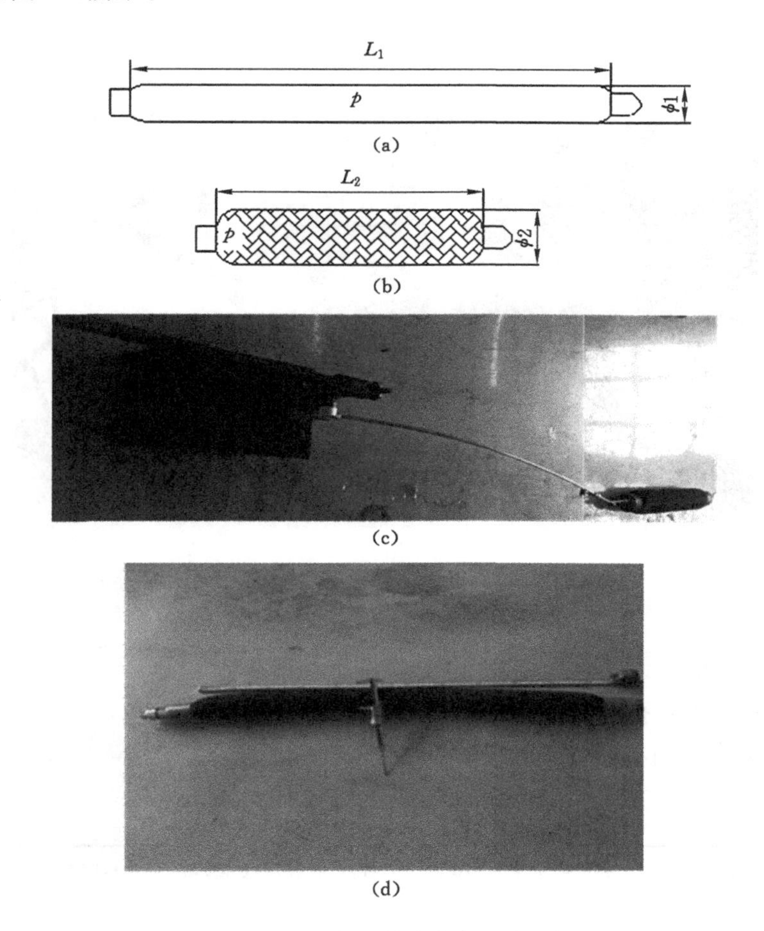

图 4-4　自由状态下封孔胶囊试验示意图

(2) 受限空间内封孔效果试验

把封孔胶囊分别放入不同的钢管试验台内(模拟煤层瓦斯钻孔),向封孔胶囊注入水使其膨胀,封堵住受限空间两端,然后向封孔段注入膨胀材料,通过钢管爆裂试验台上的各压力表观测胶囊膨胀压力和封孔压力,并进行极限封孔压力试验,观测并记录各个压力表的变化情况。受限空间内封孔效果试验示意图如图 4-5 所示。

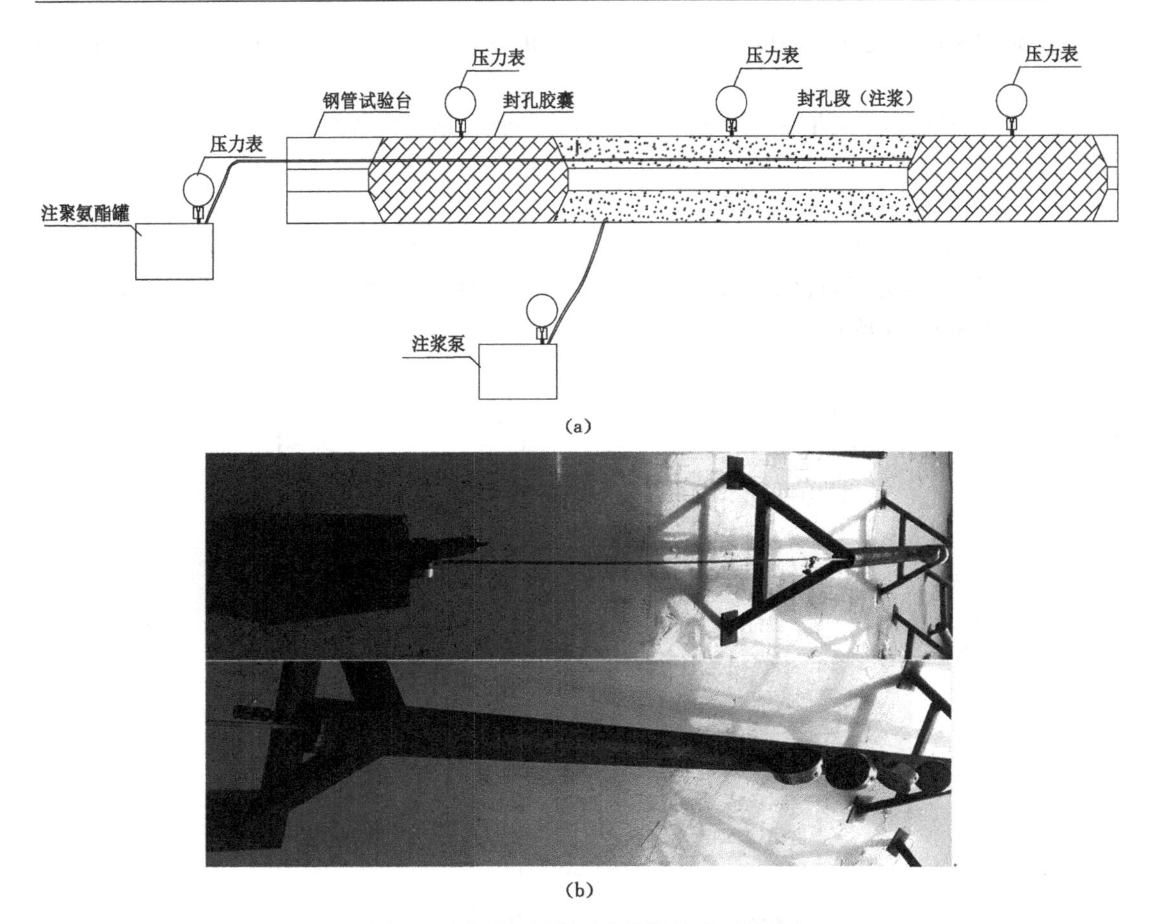

(a)

(b)

图 4-5　受限空间内封孔效果试验示意图

4.4.1.3　试验结果

（1）自由状态下封孔胶囊试验结果

各封孔胶囊在自由状态下试验结果如表 4-2 所示。

表 4-2　自由状态下封孔胶囊试验结果

原始直径/mm	原始长度/m	弹性膨胀压力/MPa	直径/mm	长度/m	长度变化率	直径变化率
63	1.0	16.00	75^{+8}_{-4}	0.65～0.78	0.22～0.35	0.13～0.32
	1.5	15.60	75^{+8}_{-4}	0.77～0.96	0.36～0.49	0.13～0.32
83	1.0	12.80	95^{+8}_{-5}	0.50～0.60	0.40～0.50	0.08～0.24
	1.5	12.00	95^{+8}_{-4}	0.59～0.72	0.58～0.61	0.08～0.24

由以上试验数据可以看出，随着封孔胶囊直径的增大，胶囊的长度变化率呈增大趋势，直径变化率呈递减趋势；同一直径的胶囊随着长度的增加，耐压强度和直径变化率相差不大。直径为 63 mm 的胶囊能封直径为 75 mm 的钻孔，直径为 83 mm 的胶囊能封直径为 95 mm 的钻孔。现场针对不同封孔需要，可借鉴此试验数据进行选择。

（2）受限空间内封孔效果试验

封孔胶囊在受限空间内的封孔试验结果见表 4-3 至表 4-5。

表 4-3　封孔胶囊压力为 5 MPa 时封孔试验结果

原始直径/mm	原始长度/m	封孔胶囊压力/MPa	极限封孔压力/MPa
63	1.0	5.00	3.90
	1.5	5.00	4.00
83	1.0	5.00	1.90
	1.5	5.00	2.10

表 4-4　封孔胶囊压力为 8 MPa 时封孔试验结果

原始直径/mm	原始长度/m	封孔胶囊压力/MPa	极限封孔压力/MPa
63	1.0	8.00	6.20
	1.5	8.00	6.80
83	1.0	8.00	4.20
	1.5	8.00	4.50

表 4-5　封孔胶囊压力为 10 MPa 时封孔试验结果

原始直径/mm	原始长度/m	封孔胶囊压力/MPa	极限封孔压力/MPa
63	1.0	10.00	7.80
	1.5	10.00	8.50
83	1.0	10.00	5.30
	1.5	10.00	5.80

在受限空间内，随着封孔胶囊压力逐渐增大，各胶囊的极限封孔压力逐渐增大；在封孔胶囊压力相同时，直径越大的胶囊极限封孔压力越小；相同直径的胶囊长度越长，极限封孔压力越大。

4.4.2　工业性试验

封孔装置的工业性试验选择在淮南矿业集团潘一东矿进行（详细试验情况见第 6 章）。封孔胶囊压力达 10 MPa，工业性试验证明了设计思路正确、技术先进，各项性能指标达到了预期目标。

第5章　煤层瓦斯渗流参数快速测定装置研制和分析软件开发

5.1　煤层瓦斯渗流参数快速测定装置研制

针对传统煤层瓦斯渗流参数测定过程中测量工艺烦琐、人员工作量大、测量周期长、测量过程中误差大等问题，根据煤层瓦斯压力恢复测定技术的研究成果，设计出一套煤层瓦斯渗流参数的快速测定装置。该装置可实现煤层瓦斯压力恢复数据自动记录、煤层瓦斯赋存参数快速自动计算及输出等功能，为煤与瓦斯突出危险性预测及瓦斯抽采等工作提供依据。

5.1.1　装置设计

煤层瓦斯渗流参数快速测定装置由本安电源、数据采集模块、信号处理模块、数据处理系统和触摸显示器等组成。通过装置内部数据采集模块中的压力传感器、流量传感器和温度传感器分别实时测量采集管道中的瓦斯压力、流量和温度等参数值，并通过 A/D 转换，将数据送入 CPU；CPU 通过内部程序将采集到的各参数值以实时曲线的形式显示在液晶显示器上，并实现装置智能化推算最终压力值，从而为其他参数的计算提供基础数据。

5.1.1.1　装置的总体构成

煤层瓦斯渗流参数快速测定装置主要由 ARM9 嵌入式处理系统(S3C2416)、数据采集模块(主要包括温度传感器、压力传感器、流量传感器)、信号处理及通信单元、7 寸人机交互触摸屏和本质安全型电源等功能模块构成，硬件电路框图如图 5-1 所示。

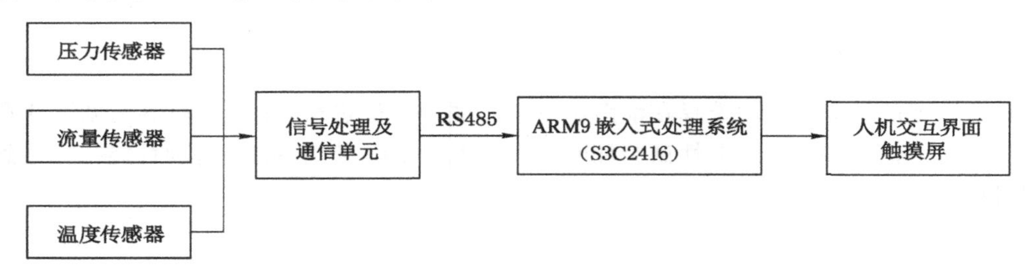

图 5-1　硬件电路框图

5.1.1.2　ARM9 嵌入式处理系统

ARM9 嵌入式处理系统是低功耗、高性能、低成本的 SAMSUNG ARM9(ARM926EJ)处理器。其主频 400 MHz，支持 2D 图形加速，最高分辨率可以支持 1 024 像素×768 像素，

24位真彩；支持mDDR、LPDDR、DDR2等多种内存，最高128 MB；支持MLC大容量、大页面的Nand-flash，最高4 096字节/页面；支持2路高速SD、MMC卡，4.0协议，因此兼容目前市场上大多数高速的SD卡和MMC卡；支持USB 2.0高速接口，最高速度480 Mb/s；支持4个高速异步串行口，其中一个可以配置为IrDA红外线口；支持IROM、Nand-flash和SROM启动，尤其是IROM启动，使得从外设SD/MMC启动非常方便。程序、内核、Bootloader都可以直接放置在SD卡上，而无须烧录到Nand-flash上面，从而可大大加快程序的开发速度。

5.1.1.3 数据采集模块

数据采集模块主要由压力传感器、流量传感器和温度传感器等组成。根据煤层瓦斯参数测定的实际情况，温度传感器的量程选用0～150 ℃，输出信号4～20 mA；压力传感器的量程选用0～20 MPa，输出信号4～20 mA；流量传感器的量程选用0～300 L/min，输出信号1～5 V。

5.1.1.4 信号处理及通信单元

信号处理及通信单元采用嵌入式独立模块化设计，采用16位A/D进行采样，采样速率3 000次/s；可采集8路0～20 mA电流及4路0～10 V电压，测量周期为每通道0.1 s，12通道循环测量；过载能力为1.2倍量程可正确测量，过载3倍量程输入1 s不损坏；信号输入与通信接口输出之间隔离，隔离电压1 000 V DC；电流通道：输入阻抗110 Ω；电压通道：输入阻抗>100 kΩ。同时，该独立单元采用Modbus-RTU协议进行通信，能广泛配接各种中央处理器。多通道的信号采集方式和成熟的通信协议，为快速测定装置的稳定性、可靠性和可扩展性提供了良好的后备保障。

5.1.1.5 显示模块

人机交互界面采用7英寸高亮度TFT液晶显示屏(分辨率800像素×480像素)，四线电阻式触摸屏(分辨率4 096像素×4 096像素)。大尺寸液晶显示屏的选用，可以更好地显示不同的组态窗口，显示更加直观；触摸功能的加入，使参数的调节更加方便，同时省去了物理按键，减少了本安壳体的开孔。

5.1.1.6 供电电源

煤层瓦斯渗流参数快速测定装置长期工作在高瓦斯环境中，所以装置的供电电源必须采用Exd[ia]I型的本质安全型电源。考虑7寸显示屏的功耗比较大，因此整个装置采用18 V和12 V两路电源供电。12 V电源专门给显示屏供电，18 V电源供给温度传感器、压力传感器、流量传感器和信号处理及通信单元。

ia保护等级的本质安全型电路要求在正常工作、一个故障和两个故障时均不能点燃爆炸性气体混合物。根据相关标准规定，设置了三重过压和一重限流保护。

5.1.1.7 操作方法

煤层瓦斯渗流参数快速测定装置操作方法如图5-2所示。首先，将煤层瓦斯渗流参数快速测定装置和测量管路连接，关闭支路二阀门，打开支路一阀门，通过流量传感器测量钻孔瓦斯自然流量；然后，关闭支路一阀门，通过压力传感器、温度传感器测量钻孔瓦斯压力和温度；最后，打开支路二阀门，释放瓦斯压力，卸下装置，完成测量。

5.1.2 装置性能指标

煤层瓦斯渗流参数快速测定装置试制样机见图5-3。该装置具有结构简单、可井下通

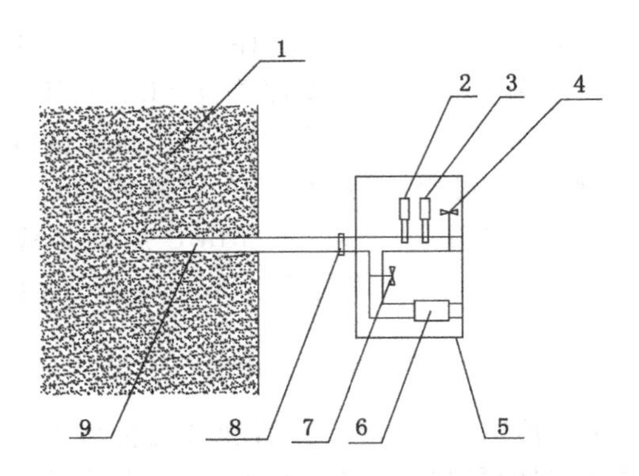

1—煤层；2—压力传感器；3—温度传感器；4—支路二阀门；5—装置外框；
6—流量传感器；7—支路一阀门；8—接头；9—测量管路。

图 5-2　操作方法示意图

信(可接入监控系统)、硬件模块化、测量精度高和人机交互友好等特点。煤层瓦斯渗流参数快速测定装置及其使用方法申请专利 2 项，授权 1 项，受理 1 项。

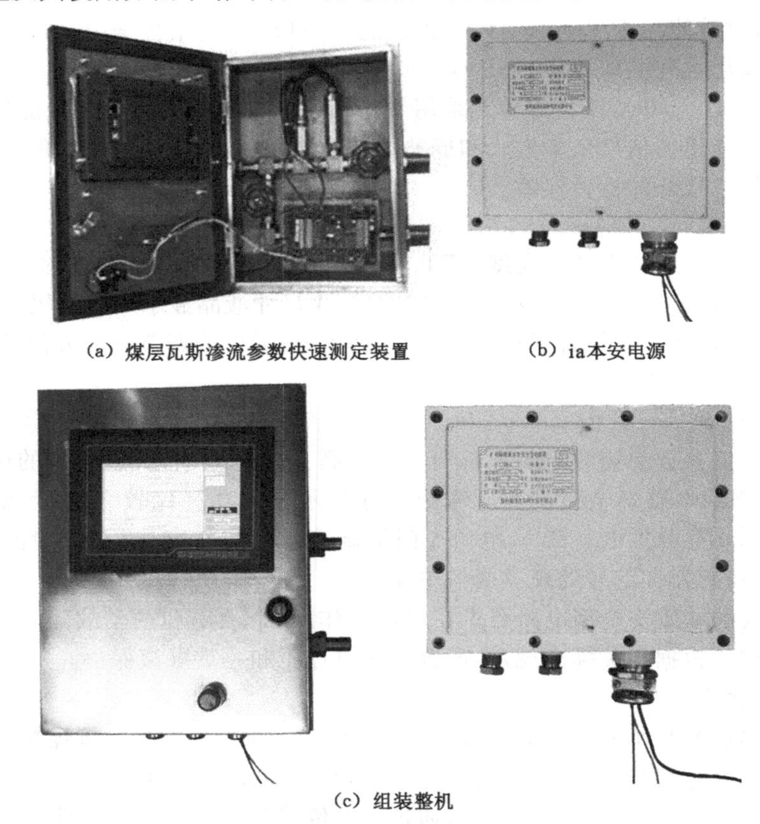

(a) 煤层瓦斯渗流参数快速测定装置　(b) ia本安电源

(c) 组装整机

图 5-3　煤层瓦斯渗流参数快速测定装置整机图

煤层瓦斯渗流参数快速测定装置的基本功能如下：

① 测定装置具有实时显示当前煤层瓦斯压力恢复曲线的功能。

② 测定装置能进行参数及时间整定。

③ 测定装置具有数据存储功能。

④ 测定装置具有通信功能(可接入监控系统)。

测定装置电气间隙和爬电距离:接线端子间及其与外壳间的距离应不小于 3 mm。

印制电路板的板厚为 1.5 mm,印制铜线宽度不小于 0.3 mm,印制电路板绝缘涂层下的导线距离不小于 0.3 mm,爬电距离、电气间隙须不小于 0.3 mm。铜箔厚度不小于 35 μm。印制电路板焊接调试完成后,需要用三防漆处理两次。

5.2　煤层瓦斯渗流参数快速测定装置分析软件开发

目前矿井安全监控系统普遍采用两种开发模式:一种是利用高级编程语言结合数据库软件开发;另一种是利用现有的组态软件二次开发。两者各有优缺点,其中组态软件以其开发简便、灵活便捷、通用性强等特点被大量采用。MCGS 嵌入版是专门应用于嵌入式计算机监控系统的组态软件,它能够在基于 Microsoft 的各种 32 位 Windows 平台上运行,通过对现场数据的采集处理,以动画显示、报警处理、流程控制和报表输出等多种方式向用户提供解决实际工程问题的方案。同时,它具有独立的运行系统,可按照组态工程中用户指定的方式进行各种处理,完成用户组态设计的目标。

本次开发基于测定装置的特点与需求,确定采用 MCGS 嵌入版组态软件开发煤层瓦斯渗流参数快速测定装置分析软件;通过软件编程,将采集的信号进行处理,实现煤层瓦斯参数的实时监测、实时曲线显示和结果快速计算等功能。

5.2.1　软件编程原理及流程图

首先,通过分析钻孔瓦斯压力变化过程,运用时间序列的分析方法,建立瓦斯压力恢复曲线模型:$p_t\text{-}\lg\dfrac{t}{t+T}$,在对数坐标上把曲线的线性段延长至无限接近$\dfrac{t}{t+T}=1$,读出的压力值即煤层瓦斯压力。然后,根据试验测定的吸附常数 a、b 值,并考虑煤的吸附瓦斯的影响因素,用朗缪尔方程间接推导出煤层瓦斯含量。最后,运用测得的钻孔瓦斯自然流量、温度及压力曲线斜率等求得煤层渗透率等参数。

分析软件程序流程包括测定装置的主流程、压力恢复曲线斜率 i 的计算流程和瓦斯参数测定流程等,流程图见图 5-4、图 5-5 和图 5-6。

5.2.2　软件编程及界面

根据煤层瓦斯渗流参数快速测定装置的功能要求,首先要实时直观地显示运行过程中煤层瓦斯各个参数的变化情况,然后通过煤层瓦斯压力的变化规律找出拟合直线段,并计算出拟合直线斜率 i,进而推算出煤层瓦斯压力值,从而为计算煤层瓦斯含量及其他煤层瓦斯渗流参数提供关键数据。

由于要显示和计算的数据量众多,因此一个界面模块难以集中显示,故设计分成 8 个模块来分别显示各系统的功能。8 个模块分别为初始界面模块、实时界面模块、压力曲线模块、压力预测模块、数据报表模块、工艺界面模块、参数整定模块和计算结果模块,其系统框

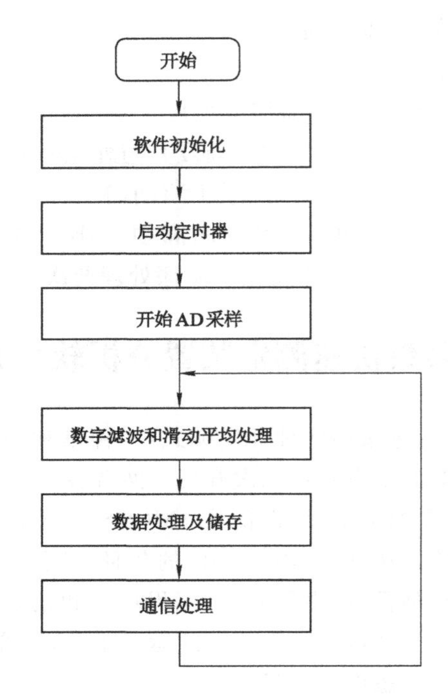

图 5-4 测定装置的软件主流程

图如图 5-7 所示。

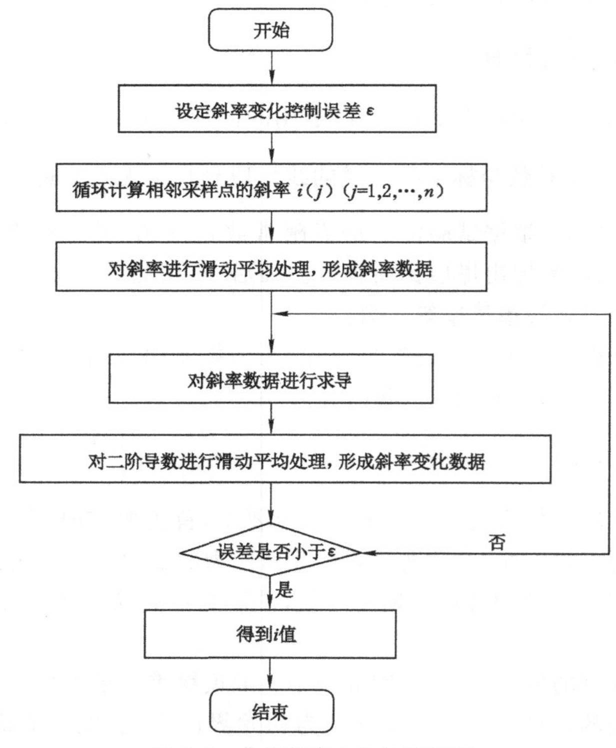

图 5-5 曲线斜率 i 的计算流程

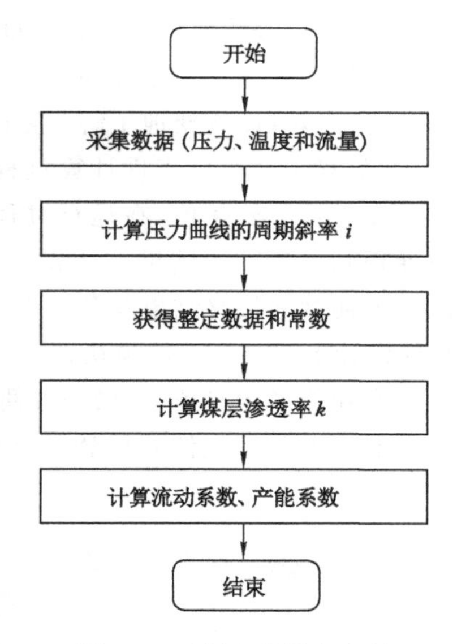

图 5-6　瓦斯参数测定流程

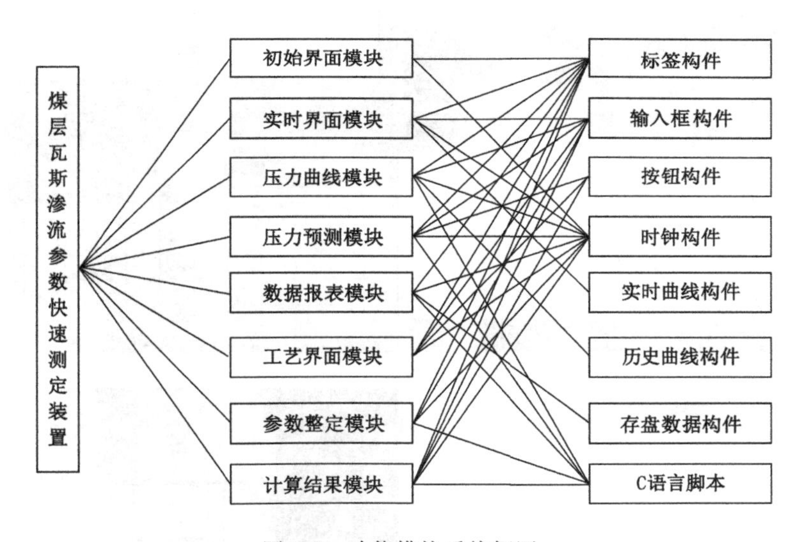

图 5-7　功能模块系统框图

初始界面模块主要功能是介绍整个系统软件的名称和版本信息，以及系统的切换工具栏；通过页面底部的切换工具栏，可随意切换至其他功能模块。实时界面模块主要功能是将系统采集到的钻孔瓦斯压力、瓦斯温度和瓦斯流量等渗流参数实时显示在界面中，并通过实时曲线构件显示压力、温度、流量三个参数的实时变化曲线，方便直观观察参数的实时变化情况。压力曲线模块将压力曲线单独列成一个模块，主要是因为压力参数是该软件设计中的最重要参数，通过历史曲线构件将钻孔瓦斯压力参数变化情况一直展现在界面中，方便观察整个压力变化情况的同时，可以选择时间数据参考点作为最终压力预测的有效数据。同时，通过历史曲线构件实现了历史数据的曲线浏览功能。运行时，历史曲线构件能够根据需要画出相应历史数据的趋势效果图。压力预测模块主要包括压力数值有效段、压力开始时间、压力总计时时间、最终稳定的钻孔压力等重要参数。数据报表模块可实现数据的报表生成和历史数据查询功能，对数据库实现各种操作和数据浏览。工艺界面模块主要直观地体现出整个装置在现场的应用和使用情况，可以方便地了解装置的使用方法和适用地点，以及在使用过程中需要注意的事项。参数整定模块可实现计算过程中对各个参数的修改，在运行前，每个参数都通过后台脚本程序进行原始赋值，在运行过程中，可根据实际情况进行参数的修改和变化系数的微调，以便得到更精准的结果。计算结果模块可将已知参数及计算结果全部显示在一个最终界面上，方便观察最终结果及公式中所涉及的试验数据。

基于 MCGS 嵌入版组态软件设计上述各个功能模块，除了可实现煤层瓦斯渗流参数快速测定装置中的功能要求外，还具有功能展示有条理、操作方便、计算结果显示直观等优点。编制的煤层瓦斯渗流参数快速测定装置分析软件获得软件著作权 1 项。分析软件界面如图 5-8 所示。

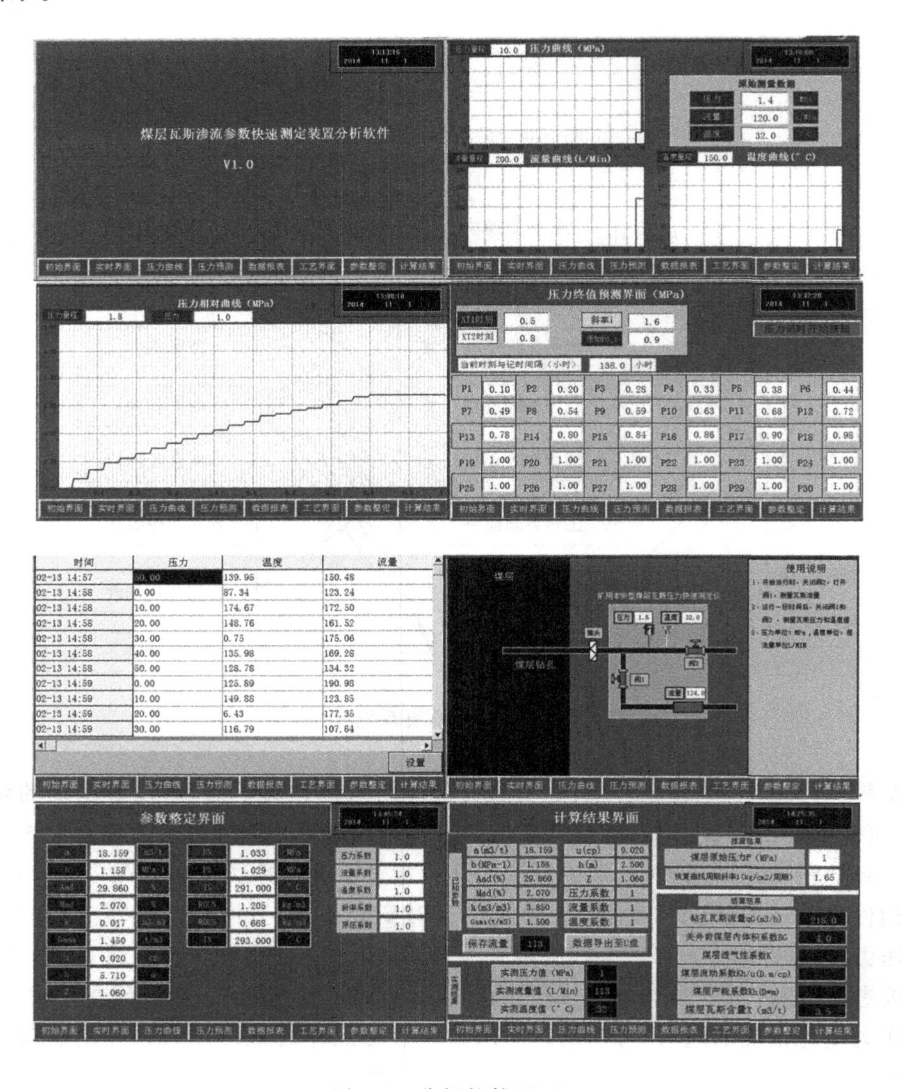

图 5-8　分析软件界面

5.3　实验室联机试验及工业性试验

5.3.1　实验室联机试验

在实验室对煤层瓦斯渗流参数快速测定装置的各部件进行了联机组装、联机调试和联机试验，主要包括测定装置的外观检查、基本功能试验、高低温工作试验、交变湿热试验、振动试验、冲击试验和模拟运输试验。

实验室联机试验结果表明，装置工作性能稳定，能在高温和低温环境中稳定运行，抗干扰性和抗冲击性强，采集模拟量准确，显示器显示数据正确，压力恢复曲线算法正确，显示界面功能完善。

5.3.2　工业性试验

在淮南矿业集团潘一东矿进行了工业性试验，另外在国内 15 个典型煤矿应用压力恢复曲线方法进行了煤层瓦斯渗流参数测定，结果表明：煤层瓦斯渗流参数快速测定装置实时测得的瓦斯压力、流量和温度与实际采用压力表、流量计和温度计测得的结果一致，而采用煤层瓦斯压力恢复曲线方法能大大缩短煤层瓦斯渗流参数的测定时间（为常规方法测定时间的 1/10～1/2）。

第6章　现场工业性试验及应用

为验证本书提出的煤矿井下煤层瓦斯渗流参数测定方法的适用性，并对研发的煤层瓦斯渗流参数快速测定装置的测定结果进行验证和优化，在淮南矿业集团潘一东矿等矿井进行了现场工业性试验及应用。首先在第3章通过数值模拟分析各因素对压力恢复曲线影响程度的基础上，在阿刀亥煤矿着重对瓦斯含量对煤层瓦斯压力恢复曲线斜率的影响程度进行了实际测定分析，并提出了修正方法和公式。在此基础上，以淮南矿业集团潘一东矿为例，详细介绍了试验地点的选择、钻孔施工参数的设计和具体试验步骤；对采用常规方法测定和采用煤层瓦斯渗流参数快速测定装置测定的封孔效果、参数测定结果和测定所需时间进行了详细的试验对比。另外，还对11个典型煤矿的不同测压钻孔的煤层瓦斯参数采用两种方法进行了应用对比，以检验煤层瓦斯压力恢复曲线测定技术的实用性。

6.1　工业性试验目的

为验证本书提出的煤矿井下煤层瓦斯渗流参数测定方法的适用性，并对煤层瓦斯渗流参数快速测定装置、配套封孔装置和分析软件的测定结果进行验证和优化，在现场主要进行如下试验对比：

① 通过阿刀亥煤矿压力恢复曲线的测定着重对瓦斯含量对煤层瓦斯压力恢复曲线斜率的影响程度进行分析。

② 对煤层瓦斯渗流参数快速测定装置测定的煤层瓦斯参数和常规方法测定的煤层瓦斯参数进行对比分析，以便检验两种测定方法所测得的各参数值是否准确。

③ 对煤层瓦斯渗流参数快速测定装置和常规方法测定煤层瓦斯参数所需时间进行对比分析，以便检验两种测定方法耗时长短。

④ 对煤层瓦斯渗流参数快速测定配套封孔装置进行试验，以检验封孔效果。

⑤ 对煤层瓦斯渗流参数快速测定装置和分析软件试验中存在的问题进行分析，优化测定装置和分析软件，为下一步的推广应用打好基础。

6.2　煤层瓦斯含量对压力恢复曲线的影响

由第3章的数值模拟分析可知，生产时间、煤层厚度、上覆载荷（或埋深）和煤层瓦斯含量对压力恢复曲线线性段斜率的影响斜率值（绝对值）为0.031 3～0.049 9，变化范围不大，影响较小，其中以煤层瓦斯含量对压力恢复曲线线性段斜率的影响最为显著。因此，本节根据煤矿现场的实际测定情况分析煤层瓦斯含量对压力恢复曲线线性段斜率的影响程度。

试验矿井阿刀亥煤矿位于大青山煤田的中段南缘，阿刀亥矿区 1—9 勘探线之间，西与大炭壕井田相邻，东与老窝铺井田相邻。矿井主采 Cu2 煤组，Cu2 煤组最大厚度为 49.67 m，最小厚度为 0.90 m，平均厚度为 19.23 m；夹石 3～42 层，夹石单层厚度最大 24.42 m、最小 0.02 m，夹石岩性多为碳质泥岩、高岭土及粉砂岩，局部为砂岩；煤组为结构复杂的复煤层；煤组可采厚度最大为 37.18 m，最小为 0.90 m，平均为 14.12 m。

为验证煤层瓦斯含量对压力恢复曲线的影响，在阿刀亥煤矿 1155 水平大巷西部、1155 水平大巷东部、西部 1203 专用回风巷和东部 1209 专用回风巷四个地点布置测压钻孔进行 Cu2 煤组瓦斯压力和瓦斯含量的测定。1#—4# 钻孔的瓦斯压力及瓦斯含量测定结果见表 6-1，其压力恢复曲线见图 6-1。采用测定装置和常规方法分别测定瓦斯压力，结果见表 6-2。

表 6-1　各钻孔实测瓦斯压力和瓦斯含量

孔号	地点	瓦斯压力/MPa	瓦斯含量/(m³/t)
1#	1155 水平大巷东部	0.62	6.35
2#	1155 水平大巷西部	0.45	5.34
3#	西部 1203 专用回风巷	0.34	4.51
4#	东部 1209 专用回风巷	0.22	3.67

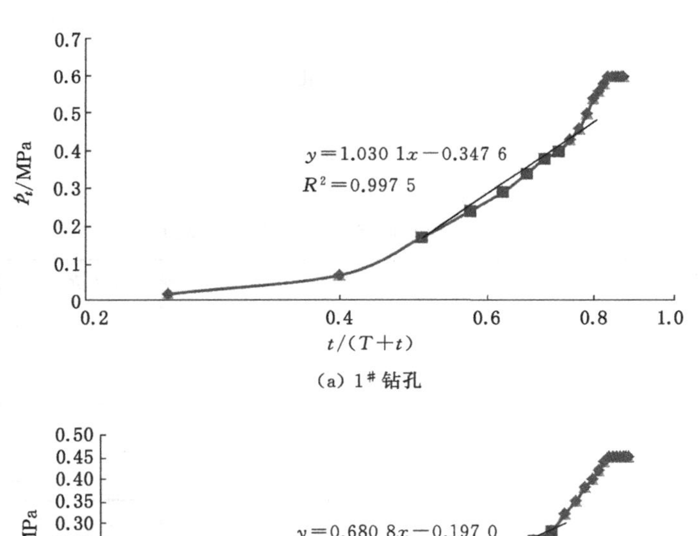

(a) 1# 钻孔

(b) 2# 钻孔

图 6-1　各钻孔压力恢复曲线

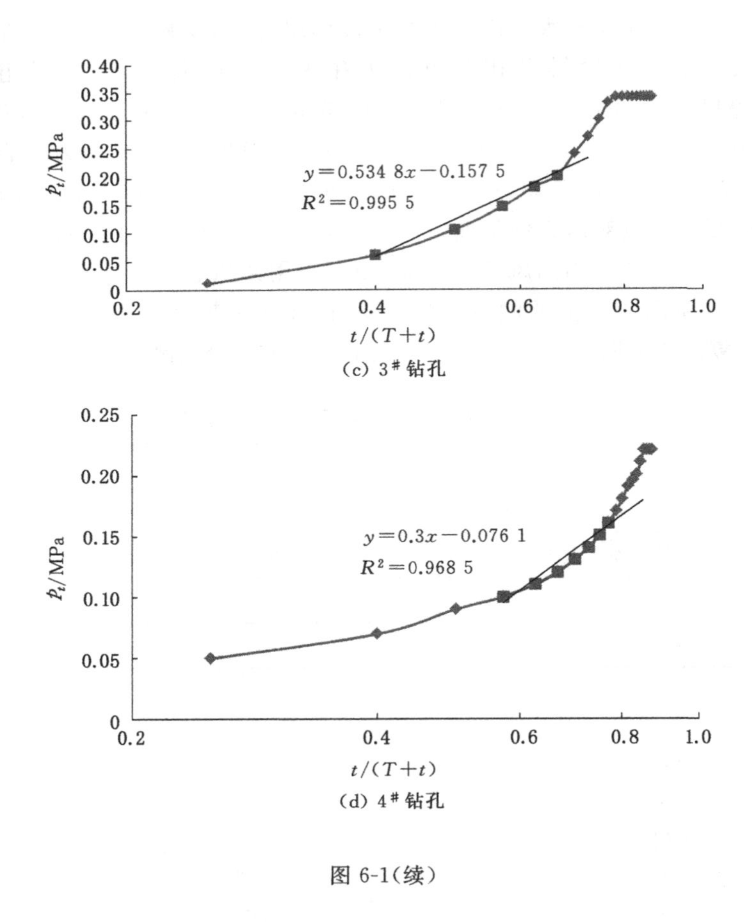

(c) 3# 钻孔

(d) 4# 钻孔

图 6-1(续)

表 6-2 两种不同方法测得的瓦斯压力

孔号	测定装置测定的瓦斯压力/MPa	常规方法测定的瓦斯压力/MPa
1#	0.68	0.62
2#	0.48	0.45
3#	0.38	0.34
4#	0.22	0.22

由表 6-2 可看出,采用压力恢复曲线测得的 1#—3# 钻孔的瓦斯压力与常规方法测定值有一定的差距。通过前面的数值模拟分析可知,在几个影响因素中煤层瓦斯含量对压力恢复曲线的斜率有较大影响。为研究煤层瓦斯含量对压力恢复曲线斜率的影响程度,可用常规方法测得的瓦斯压力在压力恢复曲线上反推出一个斜率,通过分析煤层瓦斯含量(W)和压力恢复曲线斜率(i)、常规方法测得瓦斯压力反推的压力恢复曲线斜率(i')三者之间的关系,找出它们之间的关系,见表 6-3 和图 6-2。

表 6-3　煤层瓦斯含量与压力恢复曲线斜率之间的关系

孔号	瓦斯含量/(m^3/t)	压力恢复曲线斜率 i	常规方法测定瓦斯压力反推斜率 i'	两斜率的比值 i'/i
1#	6.35	1.030	1.012	0.983
2#	5.34	0.681	0.675	0.991
3#	4.51	0.535	0.533	0.996
4#	3.67	0.300	0.300	1.000

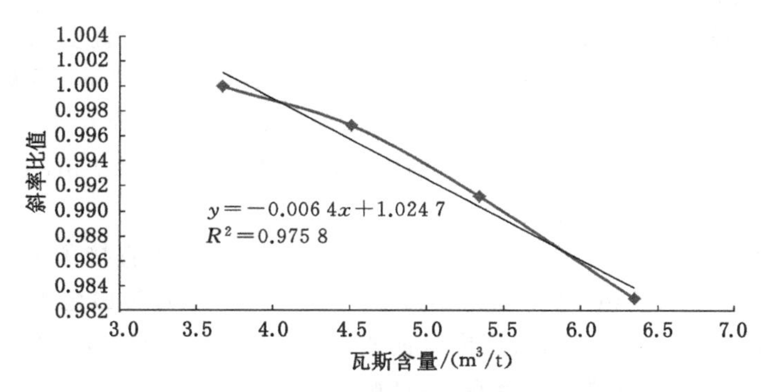

图 6-2　煤层瓦斯含量与压力恢复曲线斜率比值之间的拟合曲线

由表 6-3 可以看出，随着煤层瓦斯含量的增大，压力恢复曲线线性段斜率也逐渐增大，这与前面数值模拟的结果是一致的，证明了数值模拟结果的正确性。

由图 6-2 可以看出，试验矿井煤层瓦斯含量与压力恢复曲线斜率比值呈线性关系，并且随着煤层瓦斯含量的增大，斜率比值逐渐减小，两者的拟合关系如下：

$$K=-0.006\ 4W+1.024\ 7\ (R^2=0.975\ 8) \tag{6-1}$$

式中　K——斜率比值 i'/i；

W——瓦斯含量，m^3/t；

i'——实测瓦斯压力反推斜率；

i——压力恢复曲线计算斜率。

综上所述，为了修正煤层瓦斯吸附解吸作用对压力恢复曲线线性段斜率的影响，可以通过式(6-2)对实测的压力恢复曲线线性段斜率进行修正：

$$i'=Ki=(-0.006\ 4W+1.024\ 7)i \tag{6-2}$$

需要说明的是，由于式(6-1)是在小样本的条件下获得的，所以其不一定能准确修正吸附解吸作用对压力恢复曲线的影响，在目前条件下，可用于修正本书介绍的压力恢复曲线线性段斜率。为提高其准确性，今后应加大测试的数量，以寻求更合适的修正公式。

6.3　潘一东矿现场试验

6.3.1　矿井概况

潘一东矿井田位于安徽省淮南市西北部潘集区，东南距淮南市中心洞山约 13 km，井田东西平均走向长约 8 km，南北倾斜宽平均约 4.5 km，面积约 36 km^2。含煤地层总体构造形态为一轴向北西西的不对称背斜之东部倾伏端；地层倾向由南翼的倾向南渐变为北翼的倾向北东，倾角极缓，一般为 6°～8°。

矿井采用立井、分组集中大巷开拓方式。设计分 2 个水平进行开采，一水平为－848 m 水平，二水平暂定为－1 024 m 水平。工业广场内布置 4 个井筒，即主井、副井、二副井和回风井。矿井采用中央并列式通风，主要巷道采用石门及分层(组)大巷布置形式。采用上、下山开采。矿井已于 2012 年 11 月投产，主采煤层为 11-2 和 13-1 煤。本次试验主要测定 11-2 和 13-1 煤的煤层瓦斯参数。

11-2 煤平均厚度为 2.50 m，倾角为 0°～10°，结构简单。煤层直接顶为泥岩，平均厚度为 2.5 m，灰色泥质结构，性脆；基本顶为粉细砂岩，平均厚度为 3.6 m，浅灰色粉细粒结构，主要矿物成分为石英，岩石致密坚硬；伪底为碳质泥岩，平均厚度为 0.1 m；直接底为泥岩，平均厚度为 7.8 m，灰色泥质结构；老底为细砂岩，平均厚度为 11.80 m，主要矿物成分为石英，局部发育砂质泥岩夹层，岩石致密、坚硬。

13-1 煤平均厚度为 5.20 m，倾角为 4°～9°，结构复杂。煤层直接顶为泥岩和 13-2 煤组成的复合顶板，厚度为 3.6 m；基本顶为细砂岩，厚度为 3.8 m，灰白色细粒结构，含少量中粒，钙质胶结，上部垂向裂隙发育，岩层内含泥质包裹体；底板为泥岩，厚度为 1.1 m，深灰色泥质结构，滑面发育，含较多植物化石碎片，性脆易碎。

11-2 和 13-1 煤均为自燃煤层，自然发火期为 3～6 个月。11-2 和 13-1 煤具有爆炸性，11-2 煤火焰长度为 400 mm，抑制煤尘爆炸最低岩粉量为 75%；13-1 煤火焰长度为 50 mm，抑制煤尘爆炸最低岩粉量为 35%。

6.3.2 试验地点的选择和测压方法

① 因为压力恢复曲线基于径向流理论，瓦斯测定钻孔必须为穿层钻孔。

② 测定地点应优先选择在石门或岩巷中，选择岩性致密的地点，且在无断层、裂隙等地质构造处布置测点，其瓦斯赋存状况要具有代表性。

③ 测压钻孔应避开含水层、溶洞，且与它们的间距不小于 50 m。

④ 测定煤层原始瓦斯压力的测压钻孔应避开采动、瓦斯抽采及其他人为卸压影响范围，且与它们的间距不小于 50 m。

⑤ 选择测压地点应保证测压钻孔有足够的封孔深度(穿层测压钻孔的见煤点应位于巷道的卸压圈之外)，采用注浆封孔的上向测压钻孔倾角应不小于 5°。

⑥ 同一地点应设置两个测压钻孔(一个钻孔为普通水泥砂浆封孔测压，另一个钻孔采用研制的封孔胶囊和煤层瓦斯渗流参数快速测定装置进行封孔和瓦斯参数的测定，最终对两者测定结果进行对比)，其终孔见煤点或测压气室应在相互影响范围外。

⑦ 瓦斯压力测定地点宜选择在进风流中，行人少且便于安设保护栅栏的地方。

常规水泥砂浆封孔测压和煤层瓦斯渗流参数快速测定装置测压示意图如图 6-3 所示。

试验地点定在 1232(1)工作面底板运输巷 35# 钻场、37# 钻场与井底车场支架硐室，分别测定 11-2 和 13-1 煤的煤层瓦斯参数，具体布置位置见图 6-4。

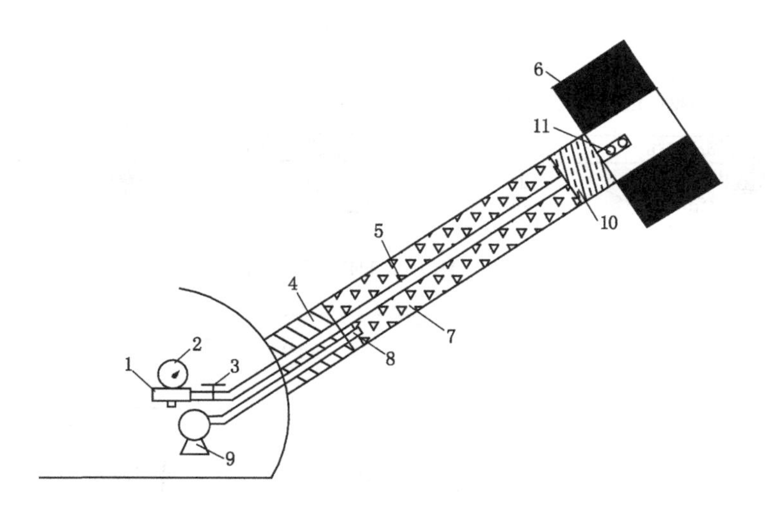

1—三通；2—压力表；3—阀门；4—棉纱；5—测压管；6—煤层；
7—封堵材料；8—注浆管；9—注浆泵；10—挡板；11—筛管。

(a) 水泥砂浆封孔测压示意图

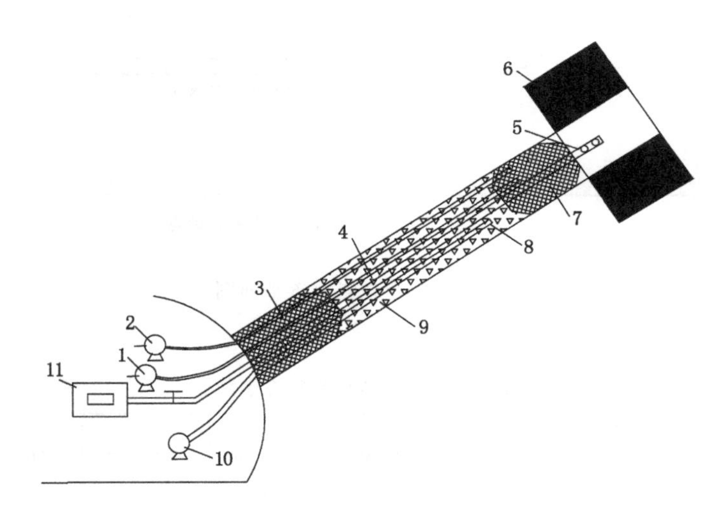

1—A 液注浆装置；2—B 液注浆装置；3—封孔胶囊；4—测压管；5—筛管 6—煤层；
7—封孔胶囊；8—注浆管；9—封堵材料；10—注浆泵；11—煤层瓦斯渗流参数快速测定装置。

(b) 煤层瓦斯渗流参数快速测定装置封孔测压示意图

图 6-3　封孔测压示意图

6.3.3　试验步骤

① 在试验地点布置 8 个测压钻孔，编号分别为 1#、2#、3#、4#、5#、6#、7# 和 8#。各测压钻孔的钻孔参数及封孔参数见表 6-4。

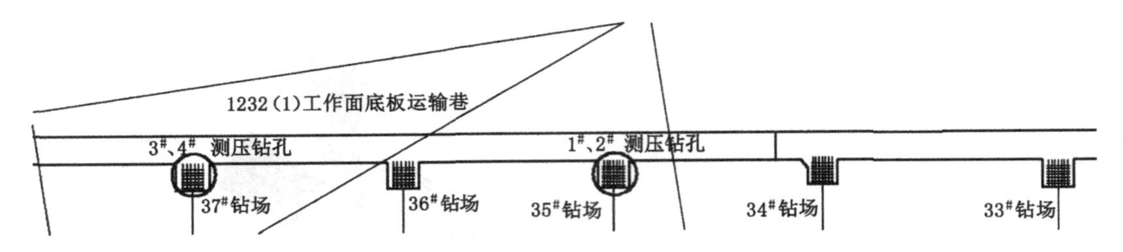

(a) 1#、2#、3#和4#测压钻孔布置地点

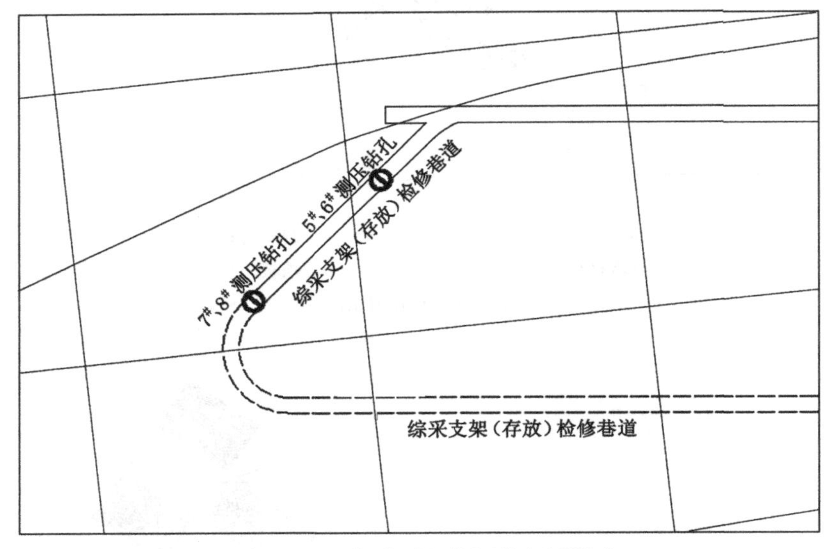

(b) 5#、6#、7#和8#测压钻孔布置地点

图 6-4 测压地点布置平面图

表 6-4 钻孔参数及封孔参数

孔号	钻孔参数			岩孔长/m	煤孔长/m	封孔长/m	封孔方式	备注
	方位角/(°)	倾角/(°)	长度/m					
1#	8.5	44	41.50	39.00	2.50	39.00	水泥砂浆	测定 11-2 煤
2#	8.5	80	30.00	27.00	3.00	27.00	封孔胶囊	
3#	112.5	35	46.80	44.00	2.80	44.00	水泥砂浆	
4#	112.5	45	31.50	28.00	3.50	28.00	封孔胶囊	
5#	188.5	30	25.00	20.00	5.00	20.00	水泥砂浆	测定 13-1 煤
6#	188.5	50	35.50	29.00	6.50	35.50	封孔胶囊	
7#	30	−32	42.50	36.50	6.00	36.50	水泥砂浆	
8#	30	−55	31.00	25.80	5.20	25.80	封孔胶囊	

② 测压钻孔直径均为 95 mm,根据封孔胶囊的实验室试验结果,采用 ϕ83 mm,长度为 1.5 m 的封孔胶囊封孔。

③ 测压钻孔施工完毕后 24 h 内完成封孔工作，并进行压力测定工作。1#、3#、5# 和 7# 钻孔按照《煤矿井下煤层瓦斯压力的直接测定方法》(AQ 1047—2007)的规定进行压力测定；2#、4#、6# 和 8# 钻孔采用煤层瓦斯渗流参数快速测定装置进行压力测定。

6.3.4　试验结果

潘一东矿煤层瓦斯压力大，瓦斯压力平衡所需时间短，因此煤层瓦斯压力观测时间间隔为 8 h，每天观测记录 3 次，井下试验照片见图 6-5。在观测过程中，5# 钻孔由于封孔原因测压失败，剩余 7 个钻孔瓦斯压力上升曲线如图 6-6 所示，煤层瓦斯渗流参数快速测定装置的测压曲线如图 6-7 所示，各钻孔压力恢复曲线见图 6-8。两种方法测得的瓦斯压力、所需测定时间、测得的瓦斯含量、测得的煤层透气性系数见表 6-5 至表 6-8。

(a)

(b)

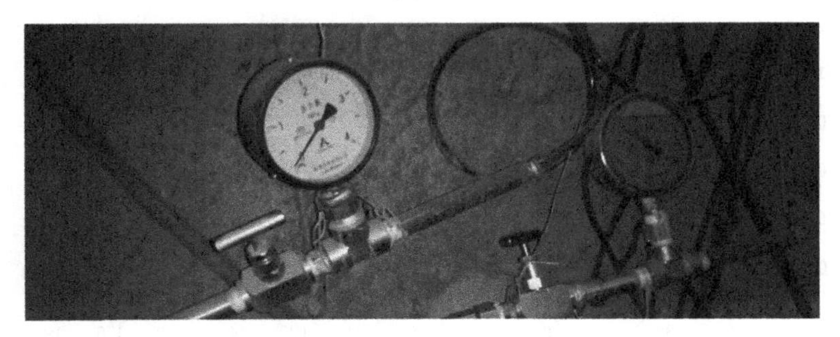

(c)

图 6-5　井下试验照片

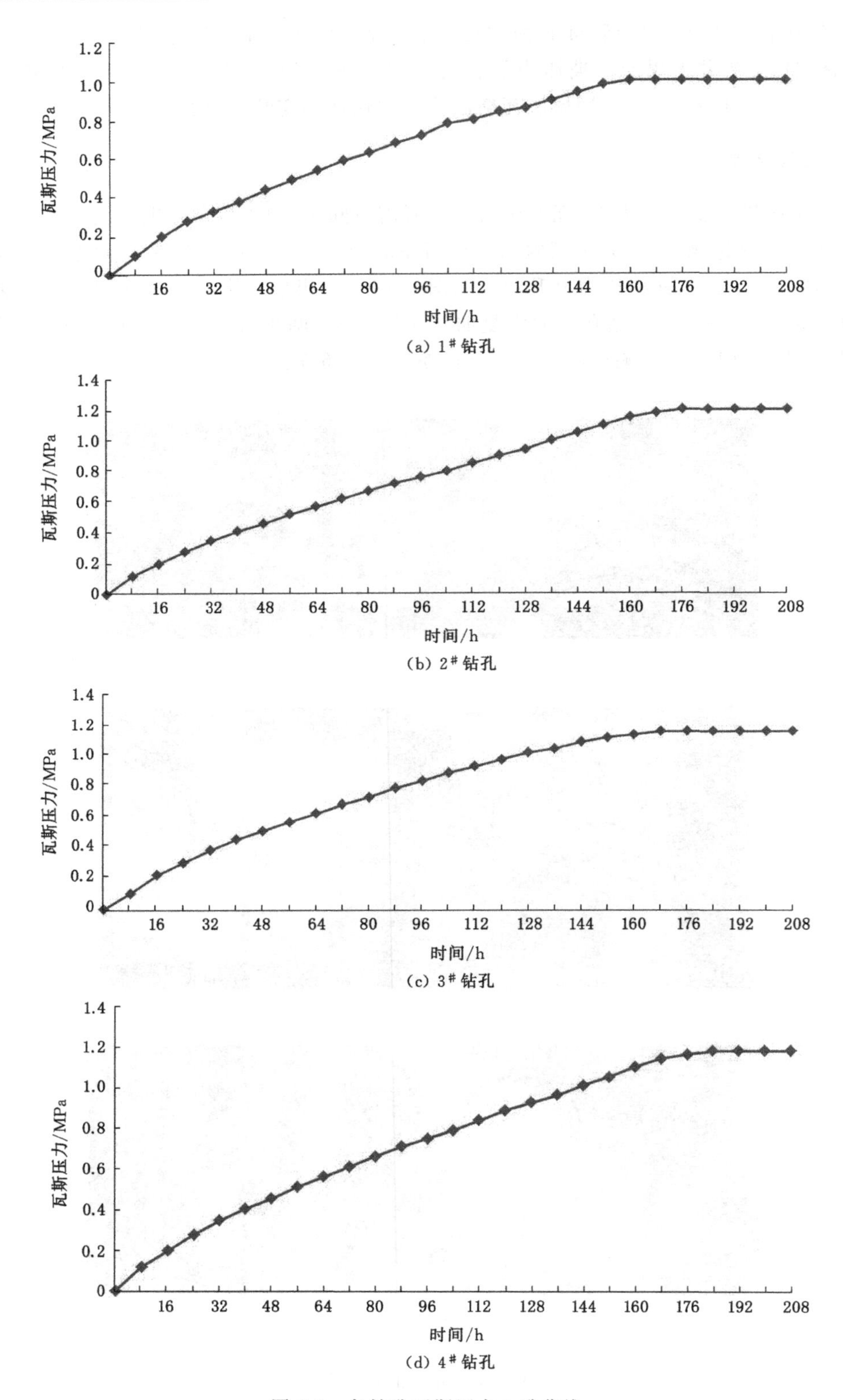

图 6-6　各钻孔瓦斯压力上升曲线

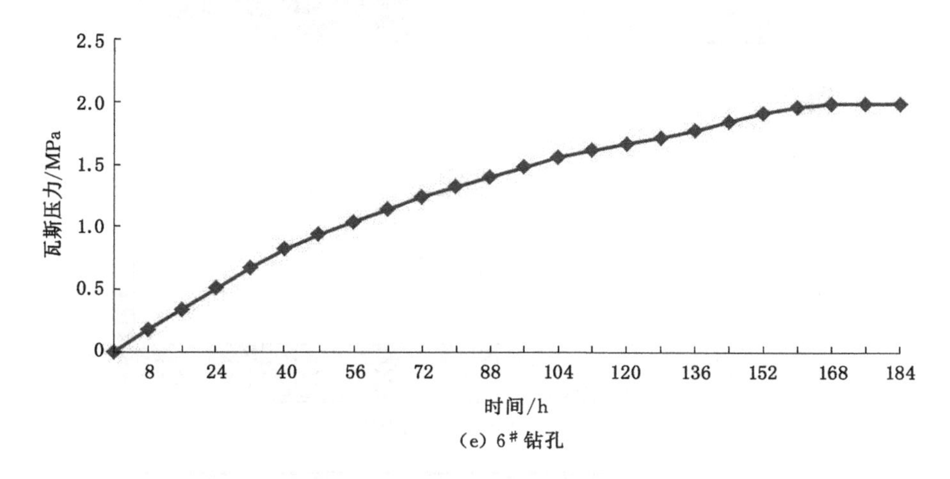

(e) 6# 钻孔

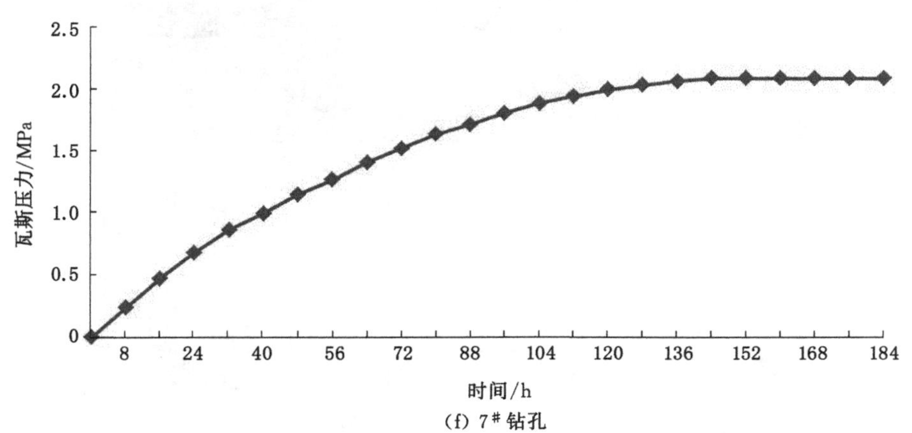

(f) 7# 钻孔

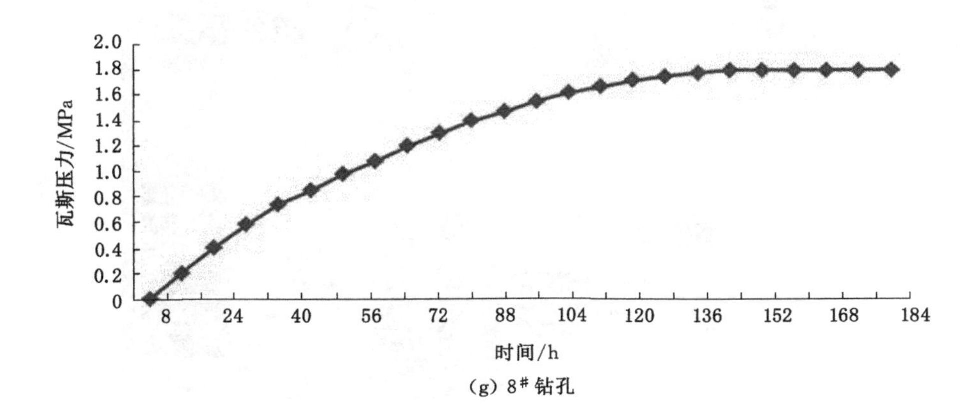

(g) 8# 钻孔

图 6-6(续)

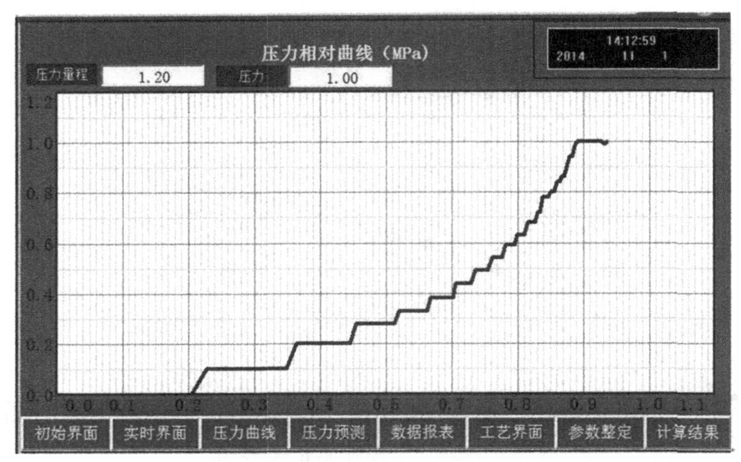

(a_1) 1# 钻孔压力相对曲线

压力终值预测界面（MPa）

14:12:09
2014 11 1

XT1时刻	0.62	斜率i	1.657
XT2时刻	0.75	原始P0_1	0.99

压力记时开始按钮

当前时刻与记时间隔（小时） 225.0 小时

P1	0.10	P2	0.20	P3	0.28	P4	0.33	P5	0.38	P6	0.44
P7	0.49	P8	0.54	P9	0.59	P10	0.63	P11	0.68	P12	0.72
P13	0.78	P14	0.80	P15	0.84	P16	0.86	P17	0.90	P18	0.94
P19	0.98	P20	1.00	P21	1.00	P22	1.00	P23	1.00	P24	1.00
P25	1.00	P26	0.00	P27	0.00	P28	0.00	P29	0.00	P30	0.00

初始界面 实时界面 压力曲线 压力预测 数据报表 工艺界面 参数整定 计算结果

(a_2) 1# 钻孔压力预测界面

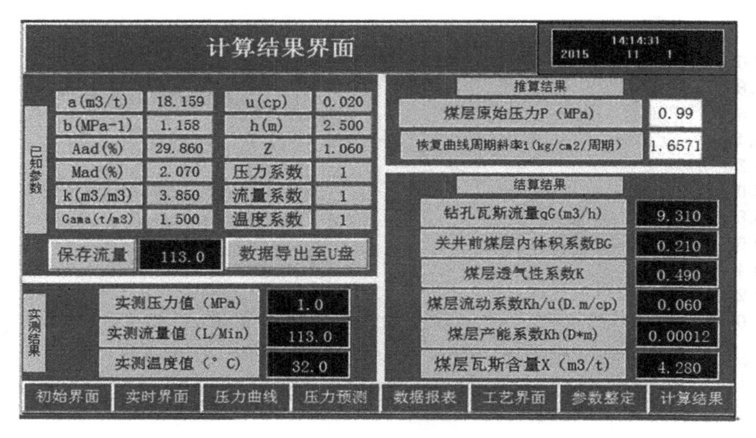

(a_3) 1# 钻孔计算结果界面

(a) 1# 钻孔实测结果

图 6-7 煤层瓦斯渗流参数快速测定装置的测压情况

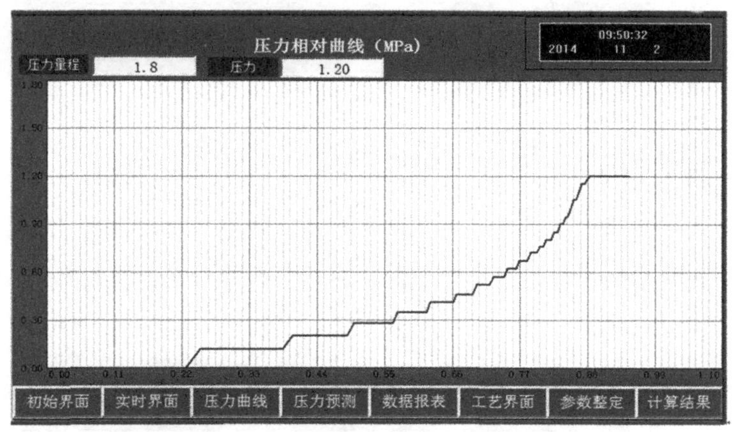

（b_1）2# 钻孔压力相对曲线

压力终值预测界面（MPa）

09:41:36 2014 11 2

压力记时开始按钮

XT1时刻	0.70	斜率i	2.320
XT2时刻	0.78	原始P0_1	1.21

当前时刻与记时间隔（小时） 248.0 小时

P1	0.12	P2	0.20	P3	0.28	P4	0.35	P5	0.41	P6	0.46
P7	0.52	P8	0.57	P9	0.62	P10	0.67	P11	0.72	P12	0.76
P13	0.80	P14	0.85	P15	0.90	P16	0.94	P17	1.00	P18	1.10
P19	1.15	P20	1.18	P21	1.20	P22	1.20	P23	1.20	P24	1.20
P25	0.00	P26	0.00	P27	0.00	P28	0.00	P29	0.00	P30	0.00

初始界面　实时界面　压力曲线　压力预测　数据报表　工艺界面　参数整定　计算结果

（b_2）2# 钻孔压力预测界面

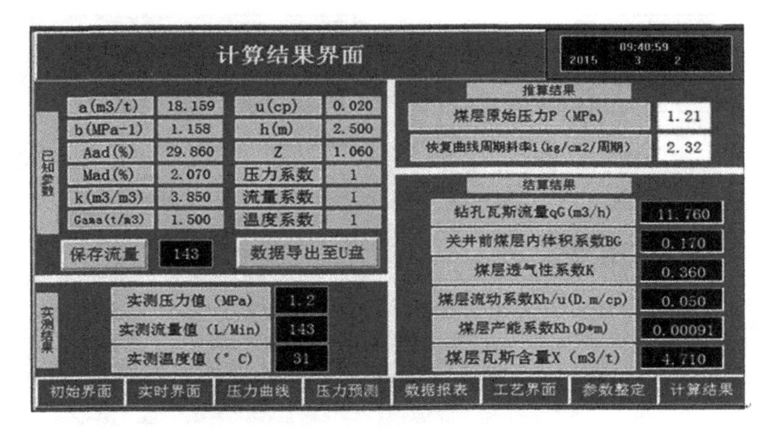

（b_3）2# 钻孔计算结果界面

（b）2# 钻孔实测结果

图 6-7（续）

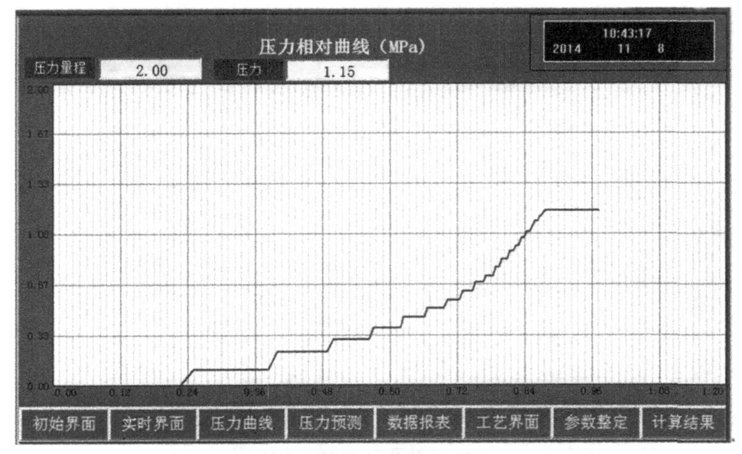

（c_1）3[#] 钻孔压力相对曲线

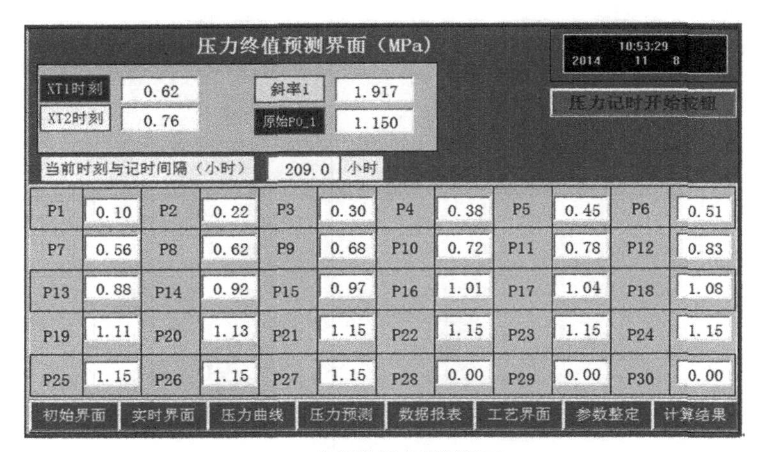

（c_2）3[#] 钻孔压力预测界面

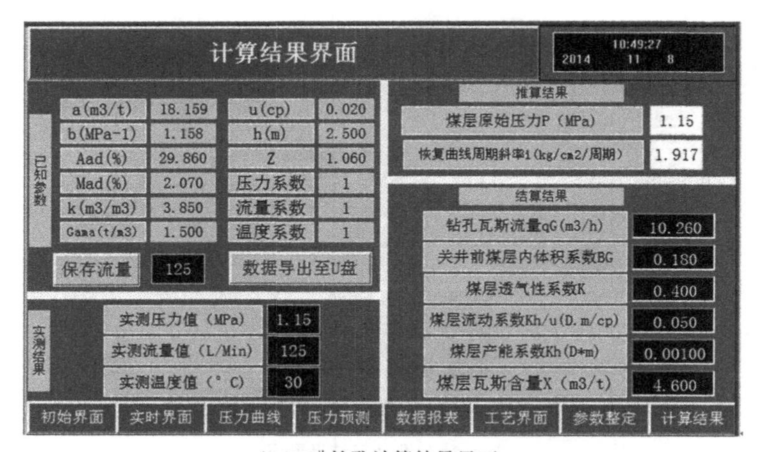

（c_3）3[#] 钻孔计算结果界面

（c） 3[#] 钻孔实测结果

图 6-7(续)

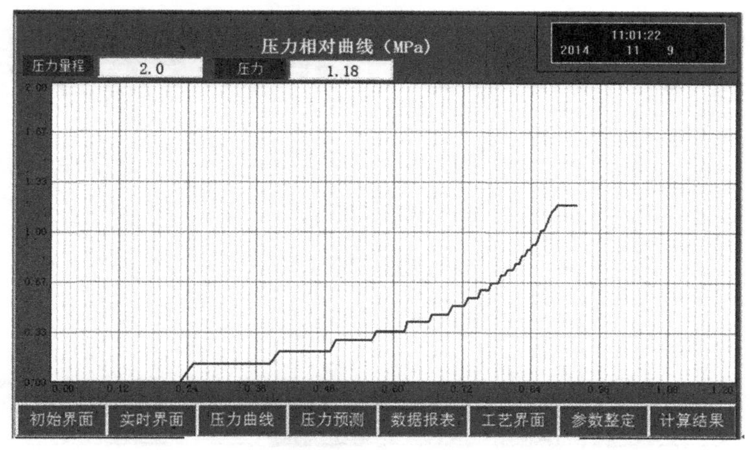

(d₁) 4# 钻孔压力相对曲线

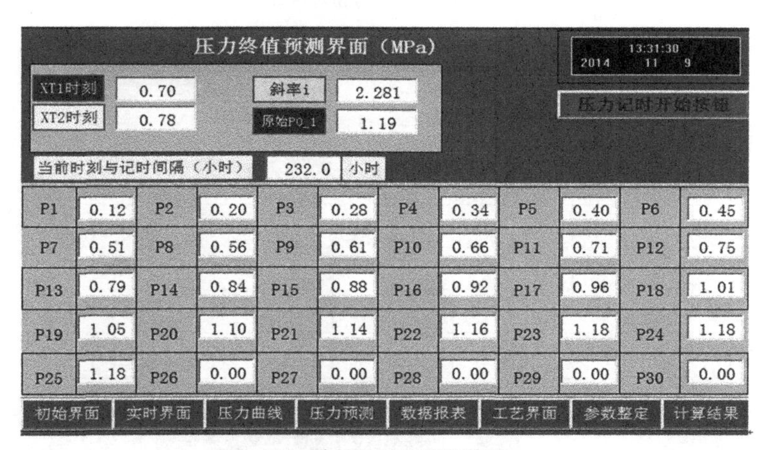

(d₂) 4# 钻孔压力预测界面

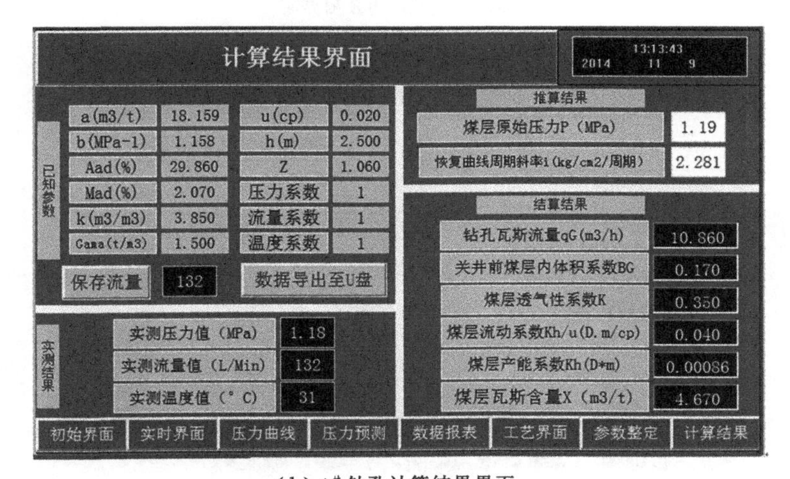

(d₃) 4# 钻孔计算结果界面

(d) 4# 钻孔实测结果

图 6-7(续)

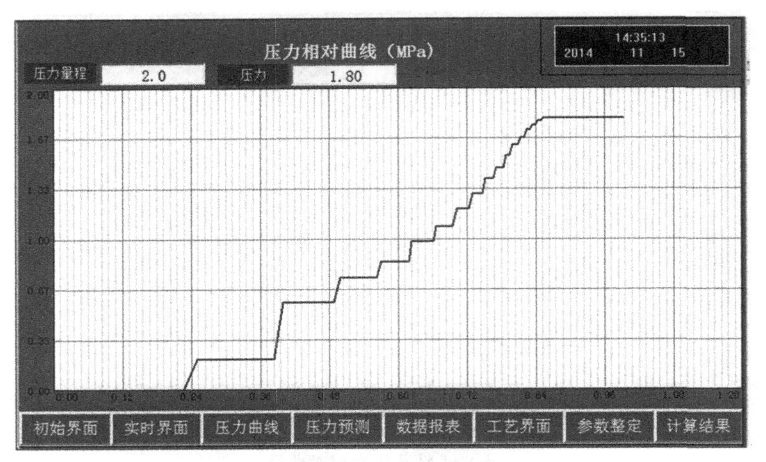

(e₁) 6# 钻孔压力相对曲线

压力终值预测界面（MPa）

14:39:48 2014 11 15

压力记时开始按钮

XT1时刻	0.5	斜率i	2.473
XT2时刻	0.7	原始P0_1	1.80

当前时刻与记时间隔（小时） 136.0 小时

P1	0.20	P2	0.40	P3	0.58	P4	0.74	P5	0.85	P6	0.98
P7	1.08	P8	1.20	P9	1.30	P10	1.40	P11	1.47	P12	1.55
P13	1.62	P14	1.67	P15	1.72	P16	1.75	P17	1.78	P18	1.80
P19	1.80	P20	1.80	P21	1.80	P22	1.80	P23	1.80	P24	0.00
P25	0.00	P26	0.00	P27	0.00	P28	0.00	P29	0.00	P30	0.00

初始界面 实时界面 压力曲线 压力预测 数据报表 工艺界面 参数整定 计算结果

(e₂) 6# 钻孔压力预测界面

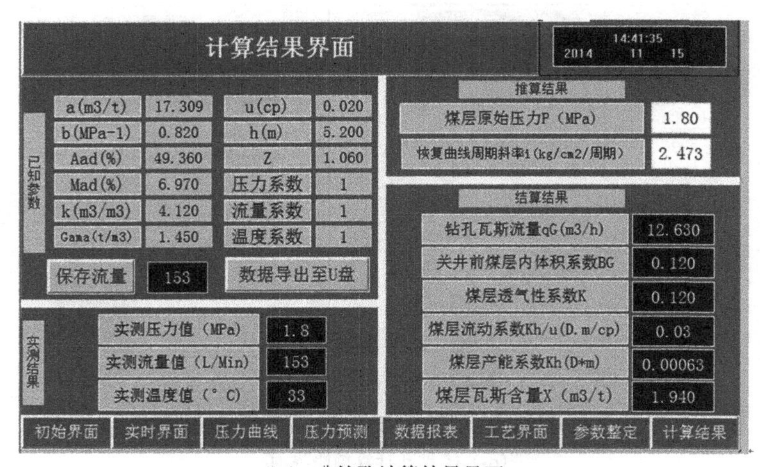

(e₃) 6# 钻孔计算结果界面

(e) 6# 钻孔实测结果

图 6-7(续)

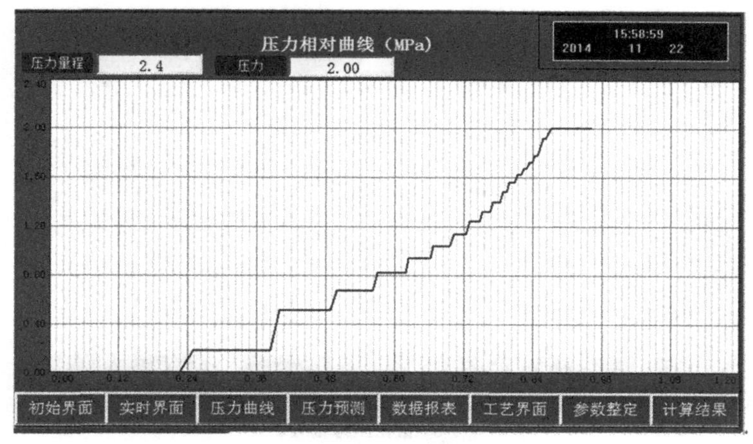

(f₁) 7# 钻孔压力相对曲线

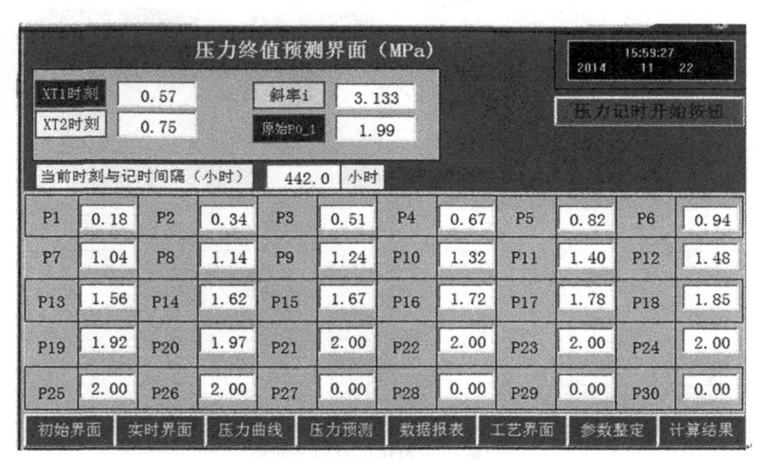

(f₂) 7# 钻孔压力预测界面

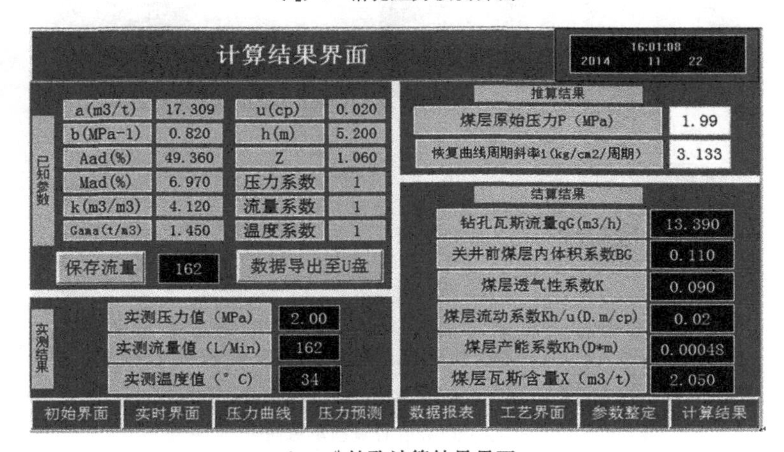

(f₃) 7# 钻孔计算结果界面

(f)　7# 钻孔实测结果

图 6-7(续)

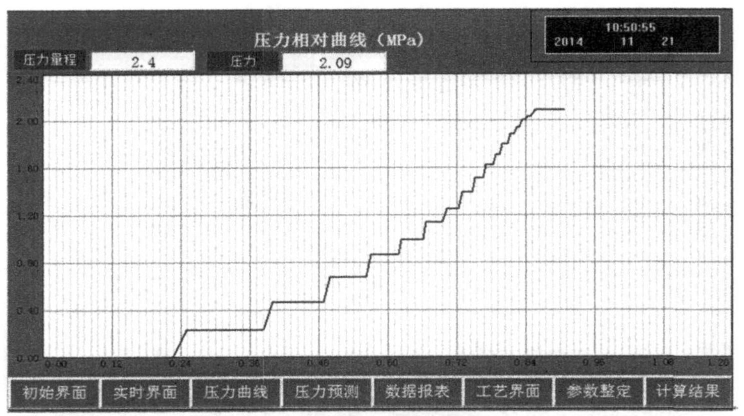

(g_1) 8# 钻孔压力相对曲线

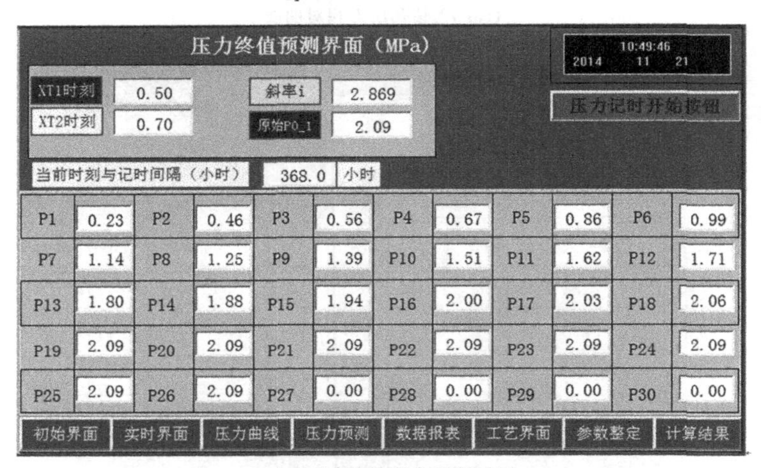

(g_2) 8# 钻孔压力预测界面

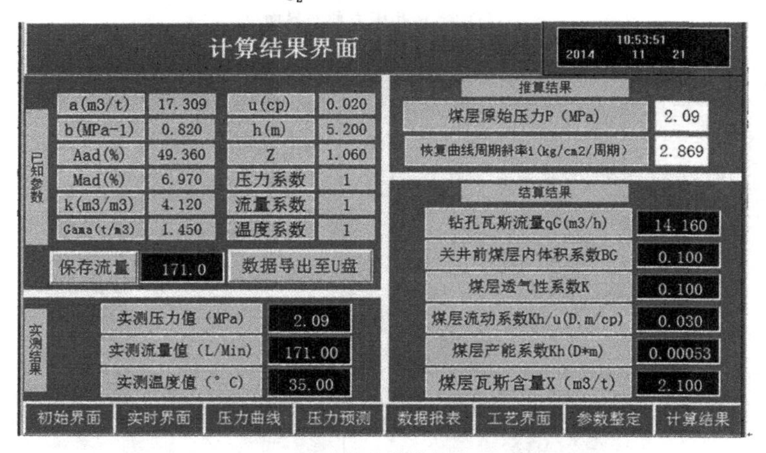

(g_3) 8# 钻孔计算结果界面

(g) 8# 钻孔实测结果

图 6-7(续)

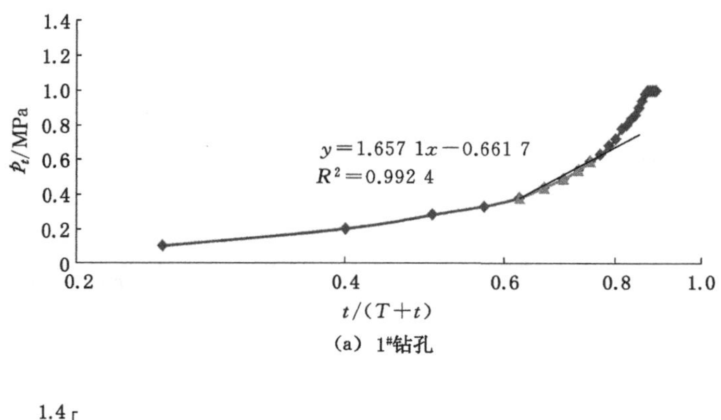

(a) 1#钻孔

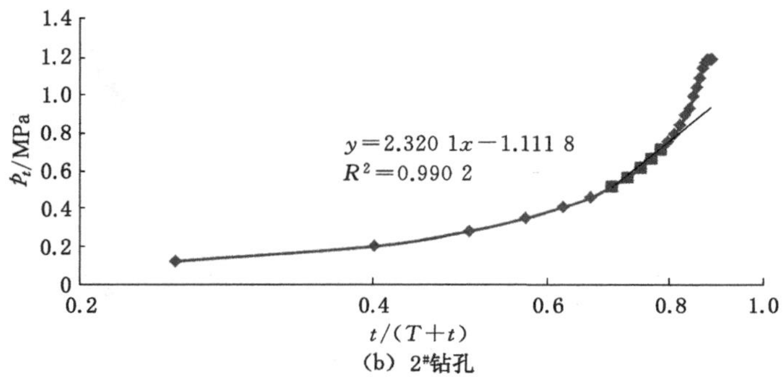

(b) 2#钻孔

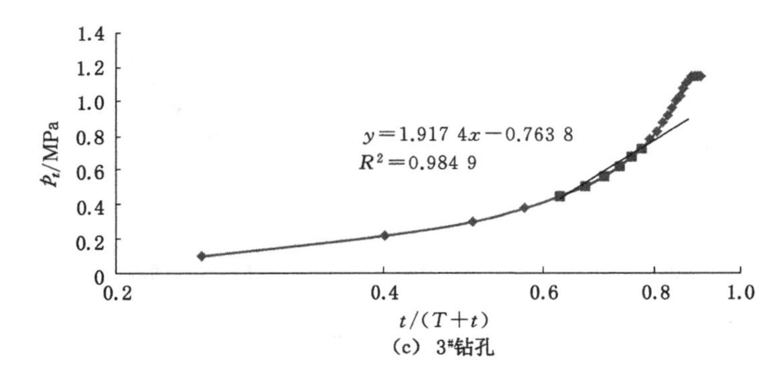

(c) 3#钻孔

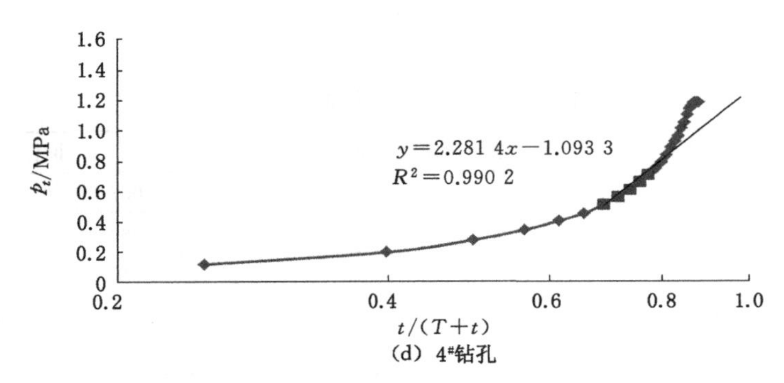

(d) 4#钻孔

图 6-8　各钻孔压力恢复曲线

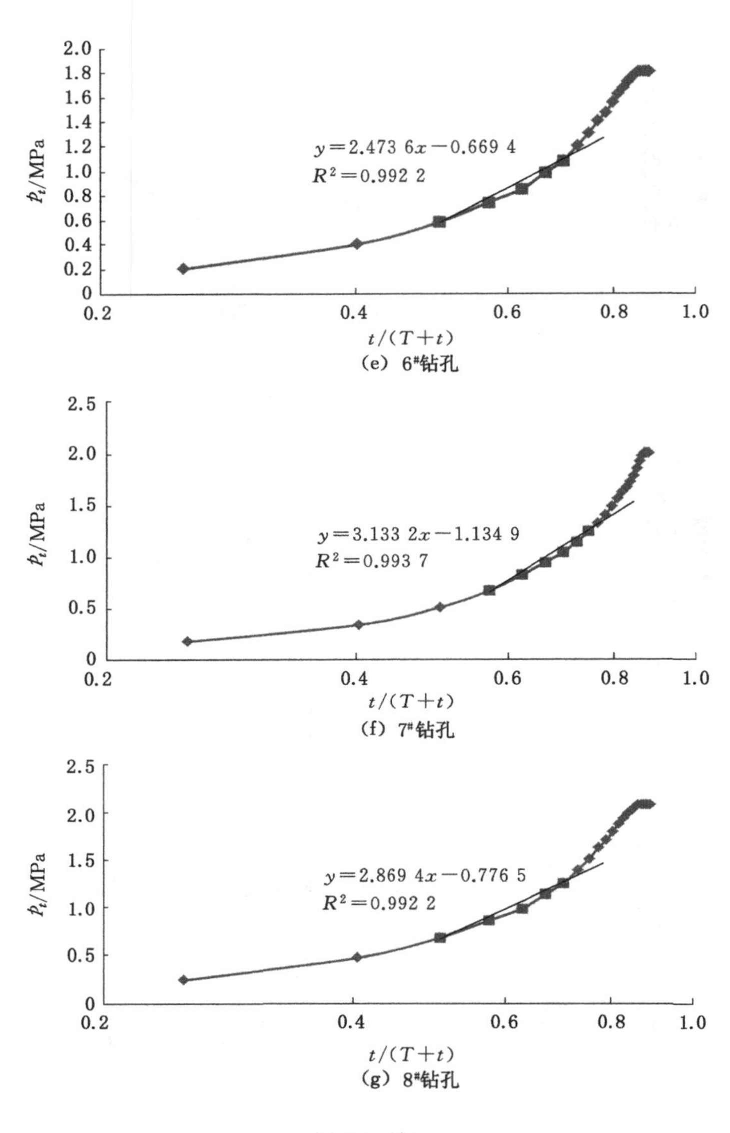

图 6-8(续)

表 6-5　两种方法测得的瓦斯压力

孔号	常规方法测定的瓦斯压力/MPa	测定装置测定的瓦斯压力/MPa	拟合公式
1#	1.00	0.99	$y=1.657\ 1x-0.661\ 7, R^2=0.992\ 4$
2#	1.20	1.21	$y=2.320\ 1x-1.111\ 8, R^2=0.990\ 2$
3#	1.15	1.15	$y=1.917\ 4x-0.763\ 8, R^2=0.984\ 9$
4#	1.18	1.19	$y=2.281\ 4x-1.093\ 3, R^2=0.990\ 2$
6#	1.80	1.80	$y=2.473\ 6x-0.669\ 4, R^2=0.992\ 2$
7#	2.00	1.99	$y=3.133\ 2x-1.139\ 4, R^2=0.993\ 7$
8#	2.09	2.09	$y=2.869\ 4x-0.776\ 5, R^2=0.992\ 2$

注：5#钻孔封孔测压失败。

表 6-6　两种方法所需测定时间及封孔压力

孔号	常规方法测定所需时间/h	测定装置测定所需时间/h	胶囊压力/MPa	封孔压力/MPa
1#	160	72	—	1.6
2#	176	88	10	6.2
3#	168	80	—	1.8
4#	184	88	10	6.6
6#	144	56	10	6.2
7#	168	72	—	1.8
8#	152	56	10	6.0

表 6-7　两种方法测得的瓦斯含量

孔号	测定装置测定的瓦斯含量/(m^3/t)	常规方法测定的瓦斯含量/(m^3/t)	备注
1#	4.28	3.29～11.80	11-2 煤
2#	4.71		
3#	4.60		
4#	4.67		
6#	1.94	1.50～15.67	13-1 煤
7#	2.05		
8#	2.10		

表 6-8　两种方法测得的煤层透气性系数

孔号	测定装置测定值/[$m^2/(MPa^2 \cdot d)$]	常规方法测定值/[$m^2/(MPa^2 \cdot d)$]	备注
1#	0.49	0.036 9～0.520 0	11-2 煤
2#	0.36		
3#	0.40		
4#	0.35		
6#	0.12	0.015 8～0.261 0	13-1 煤
7#	0.09		
8#	0.10		

由图 6-6、图 6-7、图 6-8、表 6-5、表 6-6、表 6-7 和表 6-8 可以看出，采用煤层瓦斯渗流参数快速测定装置可以在短时间内(为常规测压时间的 1/3～1/2)准确地测出煤层瓦斯原始压力，并且两者测得的结果基本一致，煤层瓦斯含量和煤层透气性系数计算值均在实测值之间，因此本书提出的煤层瓦斯渗流参数测定方法适用于煤矿井下瓦斯赋存参数的测试。研制的快速测定装置测得的钻孔实时瓦斯压力、流量和温度与常规方法测得的结果一致，这表明该装置的采集模拟量精确、软件算法正确、设备工作稳定、显示数据准确。

煤层瓦斯渗流参数快速测定配套封孔装置的胶囊压力均达到 10 MPa，而封孔压力也比水泥砂浆封孔压力大很多。1#、2#、3#、4#、6#、7#、8# 钻孔均测得煤层瓦斯压力；5# 钻孔采用水泥砂浆封孔，由于未封堵住钻孔周围裂隙，封孔测压失败。由上述分析可以看出，采用新型封孔装置封孔，密封效果较水泥砂浆好，瓦斯参数测定成功率高，且 7# 和 8# 钻孔为下向钻孔，因此该封孔装置适用上向和下向钻孔，适用范围广。

6.4　其他矿区应用

（1）葛店矿三$_2$煤层实测的压力恢复曲线

葛店矿三$_2$煤层 3# 测压钻孔布置在三$_2$煤轨道下山内，钻孔标高－635 m，倾角 35°，孔径 75 mm，孔深 44.6 m，见煤深度 37.0 m，封孔长度 10.5 m。从水文情况看，钻孔孔底没有水，为干孔。三$_2$煤层厚 0～3.56 m，平均 1.45 m，顶板岩性为泥岩，局部为砂质泥岩。测压钻孔压力恢复曲线见图 3-4，瓦斯参数测定结果见表 6-9。

表 6-9　葛店矿三$_2$煤层瓦斯参数测定结果

测定方法	煤层温度/℃	钻孔流量/(L/min)	瓦斯压力/MPa	瓦斯含量/(m^3/t)	透气性系数/[m^2/(MPa^2·d)]	测定时间/d
测定装置	24	—	0.60	6.85	—	3
常规方法	24	—	0.56	9.35	—	34

（2）陶二矿 2# 煤层实测的压力恢复曲线

陶二矿 2# 煤层测压钻孔布置在扩大区北大巷绕道内，测点标高－697 m，钻孔倾角 55°，孔径 75 mm，孔深 24.6 m，见煤深度 16.3 m，透煤长度 8.3 m。从水文情况看，钻孔孔底没有水，为干孔。2# 煤层为扩大区主要可采煤层，位于山西组下部，下距北岔沟砂岩 10～20 m，平均 15 m 左右。煤层厚度 0.80～7.71 m，平均厚度 3.53 m，纯煤厚度 0.80～7.56 m。煤层结构简单，普遍含 1 层夹矸。煤层顶板岩性在 12 线以北多为中细粒砂岩，局部为泥岩和粉砂岩；在 12—18 线多为粉砂岩和泥岩，其次为中细粒砂岩，局部为岩浆岩；在 18 线以南均为泥岩。其顶板砂岩段的厚度变化较大，且无明显规律。测压钻孔压力恢复曲线见图 3-3，瓦斯参数测定结果见表 6-10。

表 6-10　陶二矿 2# 煤层瓦斯参数测定结果

测定方法	煤层温度/℃	钻孔流量/(L/min)	瓦斯压力/MPa	瓦斯含量/(m^3/t)	透气性系数/[m^2/(MPa^2·d)]	测定时间/d	流动系数/[(D·m)/(Pa·s)]	产能系数/(D·m)
测定装置	20	25	1.67	11.30	1.51	5	0.356	7.1×10^{-4}
常规方法	20	25	1.63	7.81～13.10	0.158	25	—	—

（3）佳瑞矿 15# 煤层实测的压力恢复曲线

佳瑞矿 15# 煤层 1# 测压钻孔布置在煤层井筒内，钻孔倾角－90°，孔径 89 mm，孔深 31.5 m，见煤深度 23.4 m，透煤长度 6.1 m。15# 煤层位于太原组下段下部，上距 K_2 石灰岩 8.06 m，下距 K_1 砂岩 8.96 m。15# 煤层厚 4.78～5.81 m，平均 5.50 m。煤层结构复杂，一般含 1～3 层夹矸，单层夹矸最大厚度可达 0.41 m。煤层顶板为砂质泥岩，底板为泥岩。该煤层为井田内稳定可采的厚煤层。从水文情况看，在距开孔约 7 m 处钻孔出现不同程度的涌水。测压钻孔压力恢复曲线见图 3-5，瓦斯参数测定结果见表 6-11。

表 6-11　佳瑞矿 15# 煤层瓦斯参数测定结果

测定方法	煤层温度 /℃	钻孔流量 /(L/min)	瓦斯压力 /MPa	瓦斯含量 /(m^3/t)	透气性系数 /[m^2/(MPa^2 · d)]	测定时间 /d
测定装置	—	—	1.23	—	—	3
常规方法	—	—	0.83	—	—	8

(4) 沁城矿 2# 煤层实测的压力恢复曲线

沁城矿 2# 煤层测压钻孔布置在距主斜井井口 930 m 处，位于山西组下部，上距下石盒子组底 K_8 砂岩 13.04～34.45 m，平均 21.27 m，下距太原组 K_6 灰岩 4.23～20.05 m，平均 11.19 m。煤层最厚 6.25 m，最薄 3.08 m，平均 4.37 m，厚度变异系数为 24.15%，可采系数为 100%，属稳定可采煤层。含夹矸 1～4 层，上部 3.00 m 以内一般不含矸石，矸石主要分布在煤层下部，煤层结构属简单至较简单类型，矸石成分为碳质泥岩或黑色泥岩，夹矸厚 0.03～0.50 m，平均含矸系数为 5.32%。直接顶为泥岩、粉砂质泥岩，局部为细砂岩，厚 0.10～7.44 m；伪顶为碳质泥岩；底板为泥岩或粉砂质泥岩，局部为碳质泥岩，厚 0.40～11.80 m。从水文情况看，钻孔孔底没有水，为干孔。测压钻孔压力恢复曲线见图 3-6，瓦斯参数测定结果见表 6-12。

表 6-12　沁城矿 2# 煤层瓦斯参数测定结果

测定方法	煤层温度 /℃	钻孔流量 /(L/min)	瓦斯压力 /MPa	瓦斯含量 /(m^3/t)	透气性系数 /[m^2/(MPa^2 · d)]	测定时间 /d	流动系数 /[(D · m)/(Pa · s)]	产能系数 /(D · m)
测定装置	22	2.72	1.65	16.42	0.328	9	0.038	7.6×10^{-5}
常规方法	22	7.72	1.63	16.21	0.250	20	—	—

(5) 天荣一矿二$_2$ 煤层实测的压力恢复曲线

天荣一矿二$_2$ 煤层测压钻孔位于 1577 石门内，钻孔俯角 40°，见煤深度 10 m，孔深 13 m，封孔长度 10 m。从水文情况看，孔底没有水，为干孔。二$_2$ 煤层厚 1.70～2.22 m，平均 1.9 m，距四煤 37～44 m，平均间距 40.5 m，属较稳定煤层。二$_2$ 煤层直接顶为粗砂岩，层厚大于 20 m；底板为细砂岩，层厚 5～20 m，属中等稳定岩层。测压钻孔压力恢复曲线见图 3-7，瓦斯参数测定结果见表 6-13。

表 6-13　天荣一矿二$_2$ 煤层瓦斯参数测定结果

测定方法	煤层温度 /℃	钻孔流量 /(L/min)	瓦斯压力 /MPa	瓦斯含量 /(m^3/t)	透气性系数 /[m^2/(MPa^2 · d)]	测定时间 /d
测定装置	—	—	0.83	—	—	8
常规方法	—	—	0.80	—	—	18

(6) 临漳矿 2# 煤层实测的压力恢复曲线

临漳矿 2# 煤层测压钻孔位于井底车场绕道内，钻孔倾角 40°，孔径 75 mm，孔深 31.5 m。从水文情况看，孔底没有水，为干孔。2# 煤层位于山西组下部，距下石盒子组底界 60 m，距山西组底界 15 m，厚度 2.52～6.30 m。煤层结构简单，普遍含 1 层夹矸，夹矸厚度 0.05～0.71 m，一般 0.25 m。煤层顶底板多为粉砂岩、泥岩，局部为细粒砂岩。2# 煤层全区稳定，是主要可采煤层。测压钻孔压力恢复曲线见图 3-8，瓦斯参数测定结果见表 6-14。

表 6-14 临漳矿 2# 煤层瓦斯参数测定结果

测定方法	煤层温度/℃	钻孔流量/(L/min)	瓦斯压力/MPa	瓦斯含量/(m^3/t)	透气性系数/[m^2/(MPa^2 · d)]	测定时间/d	流动系数/[(D · m)/(Pa · s)]	产能系数/(D · m)
测定装置	21	6.30	1.22	10.61	0.560	3	0.141	2.81×10^{-4}
常规方法	21	6.30	1.20	7.60～10.79	0.612	17	—	—

(7) 吉克矿 M9 煤层实测的压力恢复曲线

吉克矿 M9 煤层测压钻孔位于一水平回风大巷内，钻孔倾角 84°，孔径 65 mm，孔深 34.4 m，见煤深度 28.0 m，透煤长度 5.6 m。从水文情况看，孔底没有水，为干孔。M9 煤层位于龙潭组第二段中偏上部，上距 M7 煤层 19.75～25.19 m，平均 23.04 m；煤层层位稳定，厚度 1.69～3.44 m，平均 2.23 m。M9 煤层全区可采，厚度变化较小，属稳定煤层，结构单一，仅个别部位在煤层近底部见夹 1 层厚度不大于 0.05 m 的棕灰色蜡状光泽细晶高岭石泥岩夹矸。顶板为薄层菱铁岩与薄层粉砂质泥岩近等厚、等距互层，底板多为灰白色、灰色黏土岩、粉砂质泥岩或泥质粉砂岩。测压钻孔压力恢复曲线见图 3-9，瓦斯参数测定结果见表 6-15。

表 6-15 吉克矿 M9 煤层瓦斯参数测定结果

测定方法	煤层温度/℃	钻孔流量/(L/min)	瓦斯压力/MPa	瓦斯含量/(m^3/t)	透气性系数/[m^2/(MPa^2 · d)]	测定时间/d	流动系数/[(D · m)/(Pa · s)]	产能系数/(D · m)
测定装置	20	66.00	2.05	12.19	10.000	3	0.93	1.85×10^{-3}
常规方法	20	66.00	2.08	10.36	1.087～1.314	17	—	—

(8) 吉克矿 M11 煤层实测的压力恢复曲线

吉克矿 M11 煤层测压钻孔位于一水平回风大巷内，钻孔倾角 −80°，孔径 65 mm，孔深 20 m，见煤深度 14.4 m，透煤长度 2.4 m。从水文情况看，孔底无水，为干孔。M11 煤层距 M9 煤层底板 14.72～19.65 m，平均 16.91 m。煤层层位稳定，厚度 1.64～1.93 m，平均 1.72 m，厚度变化较小，全区可采，属稳定煤层，煤层底部或中部常夹 1 层 0.1～0.3 m 厚的棕灰色中粗晶高岭石黏土岩夹矸。顶板为粉砂质泥岩，夹薄层至中厚层状菱铁岩。底板为泥质粉砂岩或粉砂岩。测压钻孔压力恢复曲线见图 3-10，瓦斯参数测定结果见表 6-16。

表 6-16　吉克矿 M11 煤层瓦斯参数测定结果

测定方法	煤层温度/℃	钻孔流量/(L/min)	瓦斯压力/MPa	瓦斯含量/(m^3/t)	透气性系数/[m^2/(MPa^2·d)]	测定时间/d	流动系数/[(D·m)/(Pa·s)]	产能系数/(D·m)
测定装置	21.5	6.67	2.35	7.49	0.640	9	4.73×10^{-2}	9.5×10^{-5}
常规方法	21.5	6.67	2.30	7.74	0.405	24	—	—

(9) 劳武煤矿 M12 煤层实测的压力恢复曲线

劳武煤矿 M12 煤层 12-2 号测压钻孔位于回风下山 7# 测点下 66.44 m 处，钻孔倾角 27°，孔深 36.40 m，封孔长度 20 m。M12 煤层位于龙潭组底部，层位稳定，呈层状产出，无夹矸，距茅口灰岩 3～5 m，厚 1.5～2.3 m，平均 2.08 m，厚度较稳定。煤层顶板为黑色碳质泥岩、灰色泥灰岩、灰色黏土岩；底板为灰色、浅灰色、灰白色黏土泥岩，含植物化石碎片。从水文情况看，钻孔孔底没有水，为干孔。测压钻孔压力恢复曲线见图 3-11，瓦斯参数测定结果见表 6-17。

表 6-17　劳武煤矿 M12 煤层瓦斯参数测定结果

测定方法	煤层温度/℃	钻孔流量/(L/min)	瓦斯压力/MPa	瓦斯含量/(m^3/t)	透气性系数/[m^2/(MPa^2·d)]	测定时间/d
测定装置	—	—	0.28	—	—	7
常规方法	—	—	0.28	—	—	19

(10) 东庄煤矿 3# 煤层实测的压力恢复曲线

东庄煤矿 3# 煤层 2# 测压钻孔位于轨道大巷内，钻孔倾角 90°，孔径 75 mm，孔深 10.7 m，见煤深度 7.2 m，透煤长度 3.0 m。3# 煤层位于山西组下部，上距 2# 煤层 15 m 左右，下距 K_7 砂岩 3.34～11.02 m，平均 4.86 m。3# 煤层在井田内有分层现象，分层区的上分层为 $3_上$煤，下分层及合层区统称为 3# 煤层。3# 煤层厚 0.20～4.78 m，平均 2.48 m，变异系数 0.38；含泥岩及碳质泥岩夹矸 0～3 层，一般 1 层，夹矸厚 0～0.87 m，平均 0.38 m。距 3# 煤层底板 1.00 m 左右的碳质泥岩或泥岩夹层较稳定，厚 0.05～0.60 m。3# 煤层应属结构简单至较简单煤层。煤层顶板为泥岩，局部为砂岩；底板为黑色泥岩。该煤层属稳定至较稳定煤层，控制及研究程度均较高。测压钻孔压力恢复曲线见图 3-12，瓦斯参数测定结果见表 6-18。

表 6-18　东庄煤矿 3# 煤层瓦斯参数测定结果

测定方法	煤层温度/℃	钻孔流量/(L/min)	瓦斯压力/MPa	瓦斯含量/(m^3/t)	透气性系数/[m^2/(MPa^2·d)]	测定时间/d	流动系数/[(D·m)/(Pa·s)]	产能系数/(D·m)
测定装置	23	7.58	1.50	11.76	0.720	7	9.85×10^{-2}	1.97×10^{-4}
常规方法	23	7.58	1.48	11.72～16.43	0.112	20	—	—

(11) 河滩沟煤矿 3# 煤层实测的压力恢复曲线

河滩沟煤矿 3# 煤层测压钻孔位于 765-3# 石门内，钻孔倾角 24°，孔深 20.28 m，孔径

75 mm，透煤长度 3.6 m。河滩沟煤矿主采的 3# 煤层呈东西向展布，北倾倾角 15～30°。3# 煤层煤厚不均，总体为东厚西薄、上厚下薄，西部厚 1～5 m，中部厚 1～17 m，煤层结构比较复杂；东部厚 10～13 m，平均 11 m，赋存较稳定。3# 煤层煤质为瘦焦煤，部分为弱黏结煤。3# 煤层顶板以细、中、粗砂岩为主，局部为砂页岩，大部分无伪顶（由于陆相沉积，走向、倾向及岩性变化较大）；底板多为细、中砂岩。测压钻孔压力恢复曲线见图 3-14，瓦斯参数测定结果见表 6-19。

表 6-19　河滩沟煤矿 3# 煤层瓦斯参数测定结果

测定方法	煤层温度 /℃	钻孔流量 /(L/min)	瓦斯压力 /MPa	瓦斯含量 /(m^3/t)	透气性系数 /[m^2/(MPa^2·d)]	测定时间 /d
测定装置	—	—	3.76	—	—	9
常规方法	—	—	3.74	—	—	22

（12）野马煤矿 3# 煤层实测的压力恢复曲线

野马煤矿 3# 煤层测压钻孔位于井底车场绕道内，钻孔倾角 37.5°，孔深 19.5 m，孔径 75 mm，见煤深度 11.5 m，透煤长度 7.5 m。从水文情况看，孔底没有水，为干孔。3# 煤层位于山西组下部，上距下石盒子组底 K_8 砂岩 31.74～42.33 m，下距太原组 K_6 灰岩 10.51～14.95 m。3# 煤层厚度 5.40～6.48，平均 6.20 m，全区稳定可采。煤层直接顶为黑色泥岩或粉砂质泥岩，厚 0.5～2.0 m；底板为灰黑色泥岩或粉砂质泥岩，厚 0.5～3.0 m。煤层结构简单，含泥岩夹矸 1 层，夹矸厚度 0.10～0.18 m，含矸率 3%。3# 煤层是野马煤矿的主要可采煤层。测压钻孔压力恢复曲线见图 3-13，瓦斯参数测定结果见表 6-20。

表 6-20　野马煤矿 3# 煤层瓦斯参数测定结果

测定方法	煤层温度/℃	钻孔流量 /(L/min)	瓦斯压力 /MPa	瓦斯含量 /(m^3/t)	透气性系数 /[m^2/(MPa^2·d)]	测定时间/d	流动系数 /[(D·m)/(Pa·s)]	产能系数 /(D·m)
测定装置	22	48.83	1.56	17.29	2.570	7	0.82	1.64×10^{-3}
常规方法	22	48.83	1.55	10.54～17.75	1.269	16	—	—

上述 11 个典型煤矿的 12 个测压钻孔采用快速测定装置和直接法（常规方法）测得的瓦斯压力如表 6-21 所示。

表 6-21　两种方法测得的瓦斯压力

煤　层	测定装置测定		常规方法测定		备　注
	瓦斯压力/MPa	测定时间/d	瓦斯压力/MPa	测定时间/d	
葛店矿三$_2$ 煤层	0.60	3	0.56	34	
陶二矿 2# 煤层	1.67	5	1.63	25	
佳瑞矿 15# 煤层	1.23	3	0.83	8	受钻孔涌水影响
沁城矿 2# 煤层	1.65	9	1.63	20	
天荣一矿二$_2$ 煤层	0.83	8	0.80	18	

表 6-21(续)

煤　层	测定装置测定		常规方法测定		备　注
	瓦斯压力/MPa	测定时间/d	瓦斯压力/MPa	测定时间/d	
临漳矿 2# 煤层	1.22	3	1.20	17	
吉克矿 M9 煤层	2.05	7	2.08	28	
吉克矿 M11 煤层	2.35	9	2.30	24	
劳武煤矿 M12 煤层	0.28	7	0.28	19	12-2 号测压钻孔
东庄煤矿 3# 煤层	1.50	7	1.48	20	
野马煤矿 3# 煤层	1.56	7	1.55	16	
河滩沟煤矿 3# 煤层	3.76	9	3.74	22	

由表 6-21 可以看出，采用快速测定装置测得的煤层瓦斯压力与采用常规方法测得的煤层瓦斯压力比较，结果基本一致，但采用快速测定装置所需时间为常规方法所需时间的 1/10～1/2，因此采用快速测定装置可在短时间内准确测定煤层瓦斯压力。

上述矿井中 7 个典型煤矿的 8 个测压钻孔采用快速测定装置和常规方法测得的瓦斯含量如表 6-22 所示。

表 6-22　两种方法测得的瓦斯含量

煤　层	测定装置测定的瓦斯含量/(m^3/t)	常规方法测定的瓦斯含量/(m^3/t)	备　注
葛店矿三$_2$ 煤层	6.85	9.35	煤样吸附瓦斯试验与工业分析各参数取值存在一定误差
陶二矿 2# 煤层	11.30	7.81～13.10	
沁城矿 2# 煤层	16.42	16.21	
临漳矿 2# 煤层	10.61	7.60～10.79	
吉克矿 M9 煤层	12.19	10.36	煤样吸附瓦斯试验与工业分析各参数取值存在一定误差
吉克矿 M11 煤层	7.49	7.74	
东庄煤矿 3# 煤层	11.76	11.72～16.43	
野马煤矿 3# 煤层	17.29	10.54～17.75	

由表 6-22 可以看出，采用快速测定装置测定的煤层瓦斯含量与采用常规方法测定的煤层瓦斯含量比较，计算值一般都在测定值范围之内；但由于两者测试地点不同，且煤样吸附瓦斯试验与工业分析各参数取值存在一定误差，在采用快速测定装置测定煤层瓦斯含量时，参数选取应采用同一个钻孔的煤样在实验室测得的吸附常数和工业分析值。

上述矿井中 6 个典型煤矿的 7 个测压钻孔采用快速测定装置和常规方法测得的透气性系数如表 6-23 所示。

表 6-23　两种方法测得的透气性系数

煤　层	测定装置测定值/[m^2/(MPa^2·d)]	常规方法测定值/[m^2/(MPa^2·d)]	备　注
陶二矿 2# 煤层	1.510	0.158	抽采难易程度相同
沁城矿 2# 煤层	0.328	0.250	抽采难易程度相同
临漳矿 2# 煤层	0.560	0.612	抽采难易程度相同
吉克矿 M9 煤层	10.000	1.087～1.314	钻孔流量测定有误差
吉克矿 M11 煤层	0.640	0.405	抽采难易程度相同
东庄煤矿 3# 煤层	0.720	0.112	抽采难易程度相同
野马煤矿 3# 煤层	2.570	1.269	抽采难易程度相同

由表 6-23 可以看出，采用两种方法测定煤层瓦斯透气性系数时，由于钻孔瓦斯流量测定存在一定的误差，而且两者的测点位置也不同，两者测量结果相差较大；但如果忽略一些次要的影响因素，从两者测得的透气性系数对于判断煤层抽采难易程度角度来讲是相同的。

通过上述对煤层瓦斯压力、透气性系数以及瓦斯含量等参数的实际测试对比分析可知，采用本书研制的测定装置测得的煤层瓦斯压力测值准确，测定速度快；测定煤层透气性系数的测试原理与方法与常规方法相同，故也适用于煤矿井下煤层瓦斯透气性系数的测试；煤层瓦斯含量涉及多个影响因素，其测值的准确性受多因素制约，故采用本书研制的测定装置测得的瓦斯含量仅用于参考。

综合上述分析可以看出，本书提出的煤层瓦斯渗流参数测定方法适用于煤矿井下瓦斯赋存参数的测试，以此为基础研制的快速测定装置和常规方法测量煤层瓦斯渗流参数结果基本一致，且能大大缩短测定时间（为常规方法测定时间的 1/10～1/2）。

参 考 文 献

[1] 白智琳,白士杰. 试油试采压力恢复曲线试井解释应用探讨[J]. 油气井测试,2012,21(2):30-31,76.

[2] 曹树刚,郭平,李勇,等. 瓦斯压力对原煤渗透特性的影响[J]. 煤炭学报,2010,35(4):595-599.

[3] 陈金刚,秦勇,宋全友,等. 割理方向与煤层气抽放效果的关系及预测模型[J]. 中国矿业大学学报,2003,32(3):223-226.

[4] 陈奇. 煤炭行业经济运行与 2014 年度安全生产情况报告[J]. 煤矿支护,2015(2):2-4.

[5] 陈仕阔. 裂隙煤岩气水两相渗流与固体变形耦合作用研究[D]. 沈阳:东北大学,2012.

[6] 陈彦丽,刘启国,张烈辉,等. 浅析煤层气井与常规油气井在试井方面的差别[J]. 中国煤层气,2006,3(4):44-46.

[7] 程胜勇. 基于 Modbus 的高精度模拟量采集仪表研制[D]. 厦门:厦门大学,2006.

[8] 程五一,王魁军,张建国. 工作面相对瓦斯涌出量反序求解瓦斯含量的方法[J]. 矿业安全与环保,2000(5):20-21.

[9] 程远平,王海锋,王亮. 煤矿瓦斯防治理论与工程应用[M]. 徐州:中国矿业大学出版社,2010.

[10] 崔荣国. 国内外煤层气开发利用现状[J]. 国土资源情报,2005(11):22-26.

[11] 崔永君,李育辉,张群,等. 煤吸附甲烷的特征曲线及其在煤层气储集研究中的作用[J]. 科学通报,2005,50(增刊Ⅰ):76-81.

[12] 代志旭,郭明功. 本煤层瓦斯压力测定新技术研究[J]. 煤炭科学技术,2011,39(2):46-50.

[13] 邓海燕,王满义,陈海平,等. 气井不关井试井技术的研究与应用[J]. 断块油气田,2004,11(1):84-86.

[14] 傅雪海,秦勇,张万红,等. 基于煤层气运移的煤孔隙分形分类及自然分类研究[J]. 科学通报,2005,50(增刊Ⅰ):51-55.

[15] 傅永帅. 用压力恢复曲线分析煤层气渗流性的研究[C]//中国矿物岩石地球化学学会第 14 届学术年会论文摘要专辑,2013.

[16] 葛玻,沈文杰,赵旎. 工控组态软件的对比及应用[J]. 计算机测量与控制,2002,10(8):550-552.

[17] 郭勇义,吴世跃,王跃明,等. 煤粒瓦斯扩散及扩散系数测定方法的研究[J]. 山西矿业学院学报,1997(1):15-19.

[18] 韩斌,杨皓,陈元千. 压降曲线和压力恢复曲线测试资料的应用与对比[J]. 油气井测试,2007,16(5):16-18.

[19] 何书建,张仁贵,王凯,等.新型封孔技术在煤层瓦斯压力测定中的应用[J].煤炭科学技术,2003,31(10):33-35.
[20] 贺全义,刘明举,刘彦伟.新型封孔剂在含水煤层瓦斯压力测定中的应用[J].工矿自动化,2014,40(11):93-96.
[21] 胡肖斌.多通道实时数据采集存储系统的设计与实现[D].太原:中北大学,2012.
[22] 胡新成,杨胜强,周秀红,等.煤层透气性系数测定的影响因素分析[J].煤矿安全,2011,42(9):137-139.
[23] 金毓荪.油田分层开采[M].北京:石油工业出版社,1985.
[24] 景兴鹏.煤层气储层压力测试实验研究[J].西安科技大学学报,2011,31(5):554-558.
[25] 景兴鹏.机械密闭取芯瓦斯含量测定集成技术研究[J].中国安全生产科学技术,2015,11(11):59-63.
[26] 兰泽全,曲荣飞,陈学习,等.直接法测定煤层瓦斯压力现状及分析[J].煤矿安全,2009,40(4):74-78.
[27] 李全贵,翟成,林柏泉,等.定向水力压裂技术研究与应用[J].西安科技大学学报,2011,31(6):735-739.
[28] 李胜,宁志勇,朱小强,等.基于灰色理论预测五阳矿未受采动影响煤层瓦斯含量[J].科技导报,2012,30(32):71-74.
[29] 李士伦.天然气工程[M].2版.北京:石油工业出版社,2008.
[30] 李树辉,戴广龙.穿层钻孔瓦斯径向流动的数值模拟与应用研究[J].矿业工程,2006,4(4):32-33.
[31] 李玺茹.采动煤岩体损伤演化与瓦斯渗流耦合作用分析[D].徐州:中国矿业大学,2014.
[32] 李晓伟,蒋承林.含水煤岩体瓦斯压力测定的水锥效应研究[J].采矿与安全工程学报,2015,32(1):163-167.
[33] 李尧斌.瓦斯含量法预测煤与瓦斯突出试验研究[D].淮南:安徽理工大学,2013.
[34] 李永丽.多通道高速数据采集及大容量存储系统设计[D].西安:西安电子科技大学,2009.
[35] 李虞庚.试井手册(下)[M].北京:石油工业出版社,1992.
[36] 李长兴,魏国营.基于灰色理论-BP 神经网络的煤层瓦斯含量预测研究[J].煤炭技术,2015,34(5):128-131.
[37] 李治平,赵必荣,张敏渝,等.应用气井压力恢复曲线确定气井产能[J].天然气工业,1998,18(6):63-65.
[38] 李子章,樊腊生,房勇,等.ZY-73 型钻孔煤层瓦斯压力测定仪的研制[J].探矿工程(岩土钻掘工程),2009,36(11):28-30.
[39] 梁冰,章梦涛,王泳嘉.煤层瓦斯渗流与煤体变形的耦合数学模型及数值解法[J].岩石力学与工程学报,1996,15(2):135-142.
[40] 梁伟栋,郭浩.MCGS 组态软件设计及其应用[J].广东自动化与信息工程,2005,26(1):33-35.
[41] 林柏泉,周世宁.煤样瓦斯渗透率的实验研究[J].中国矿业学院学报,1987(1):21-28.

[42] 林柏泉,周世宁,张仁贵.三相泡沫密封性能的实验研究[J].中国矿业大学学报,1992,21(3):13-20.

[43] 林柏泉,周世宁.3相泡沫流体密封技术及其应用[J].煤炭学报,1995,20(3):245-249.

[44] 林柏泉,孟杰,宁俊,等.含瓦斯煤体水力压裂动态变化特征研究[J].采矿与安全工程学报,2012,29(1):106-110.

[45] 林良俊,马凤山.煤层气产出过程中气-水两相流与煤岩变形耦合数学模型研究[J].水文地质工程地质,2001,28(1):1-3.

[46] 刘辉.隔爆兼本安直流稳压开关电源的研究[D].西安:西安科技大学,2005.

[47] 刘垒,杨胜强,陈凯.复杂地质条件下的煤层瓦斯压力测定[J].煤矿安全,2013,44(1):130-132.

[48] 刘明举.幂定律基础上的煤层瓦斯流动模型[J].河南理工大学学报(自然科学版),1994(1):36-42.

[49] 刘明举,陈亮,曾昭友.基于压力恢复曲线的富水煤层瓦斯测压结果修正[J].煤炭科学技术,2013,41(7):71-74.

[50] 刘能强.实用现代试井解释方法[M].4版.北京:石油工业出版社,2003.

[51] 刘鹏超,唐海,吕栋梁,等.利用压力恢复曲线求取油井控制储量的新方法[J].岩性油气藏,2010,22(3):106-109.

[52] 刘清泉,程远平,李伟,等.深部低透气性首采层煤与瓦斯气固耦合模型[J].岩石力学与工程学报,2015,34(增1):2749-2758.

[53] 刘三钧,林柏泉,郝志勇,等.钻孔密封机理及新型煤层瓦斯压力测定技术研究[J].中国煤炭,2009,35(10):96-99.

[54] 刘三钧,薛志俊,林柏泉.含水煤岩层瓦斯压力测定新技术[J].中国安全科学学报,2010,20(10):97-100.

[55] 刘曰武,赵培华,鹿倩,等.煤层气与常规天然气测试技术的异同[J].油气井测试,2010,19(6):6-11.

[56] 柳光伟,安杰.煤层气注入/压降试井分析中几个问题的探讨[J].中国煤层气,2011,8(1):29-32.

[57] 卢鉴章,刘见中.煤矿灾害防治技术现状与发展[J].煤炭科学技术,2006,34(5):1-5.

[58] 吕闰生,张子戌.提高测压钻孔瓦斯压力测定成功率分析[J].煤炭工程,2004(11):46-48.

[59] 马尚权,陈学习,梁为,等.承压三相泡沫瓦斯压力测定仪[J].矿山机械,2007,35(11):27-30.

[60] 马水龙,尹洪军,吴世旗.用压力恢复曲线计算油藏平均压力的新方法[J].油气井测试,2002,11(2):7-9.

[61] 煤炭科学研究院抚顺研究所,焦作矿务局科研所.应用压力恢复曲线测定煤层瓦斯渗流参数[J].煤矿安全,1986(12):1-6.

[62] 孟燕,蒋曙光,邵昊,等.煤层瓦斯压力测定方式及新的探索[J].能源技术与管理,2009(6):63-65.

[63] 欧红琴,尹智雄,蔡立勇.胶圈-压力黏液封孔测压法在煤矿的应用[J].煤炭科技,

2013(2):98-100.
[64] 彭波,许振文.基于MCGS软件的煤矿安全监控系统的设计与实现[J].矿山机械,2005,33(4):69-70.
[65] 齐黎明,陈学习,程五一,等.新型煤层瓦斯含量准确测定方法研究[J].采矿与安全工程学报,2010,27(1):111-115.
[66] 齐与峰,盛建民.含油砂体多组合油层注水开发压力恢复曲线解释[J].石油学报,2002,23(5):64-68.
[67] 曲占庆,张杰,齐宁,等.基于压力恢复曲线的油井堵水决策技术[J].中国石油大学学报(自然科学版),2013,37(3):115-118.
[68] 申宝宏,刘见中,雷毅.我国煤矿区煤层气开发利用技术现状及展望[J].煤炭科学技术,2015,43(2):1-4.
[69] 石芸,王聪.本质安全电源电路原理及保护措施[J].电源世界,2007(1):25-27,19.
[70] 史密斯.实用油藏工程[M].岳清山,等译.北京:石油工业出版社,1995.
[71] 司鹄,郭涛,李晓红.钻孔抽放瓦斯流固耦合分析及数值模拟[J].重庆大学学报,2011,34(11):105-110.
[72] 苏现波,林晓英,赵孟军,等.储层条件下煤吸附甲烷能力预测[J].天然气工业,2006,26(8):34-36.
[73] 孙丙周,马静驰.存储式电子压力计在瓦斯压力测定中的应用[J].煤炭技术,2014,33(12):192-194.
[74] 孙可明,梁冰,王锦山.煤层气开采中两相流阶段的流固耦合渗流[J].辽宁工程技术大学学报(自然科学版),2001,20(1):36-39.
[75] 孙可明,梁冰,朱月明.考虑解吸扩散过程的煤层气流固耦合渗流研究[J].辽宁工程技术大学学报(自然科学版),2001,20(4):548-549.
[76] 孙可明.低渗透煤层气开采与注气增产流固耦合理论及其应用[D].阜新:辽宁工程技术大学,2004.
[77] 孙可明,潘一山,梁冰.流固耦合作用下深部煤层气井群开采数值模拟[J].岩石力学与工程学报,2007,26(5):994-1001.
[78] 孙培德.煤层瓦斯流场流动规律的研究[J].煤炭学报,1987(4):74-82.
[79] 孙培德.瓦斯动力学模型的研究[J].煤田地质与勘探,1993,21(1):33-39.
[80] 孙培德.煤层瓦斯流动方程补正[J].煤田地质与勘探,1993,21(5):34-35.
[81] 孙士东.几种异常压力恢复曲线分析[J].油气井测试,2002,11(2):35-36.
[82] 孙玉宁,王振锋.采动影响下穿层钻孔新型封孔技术[J].煤矿安全,2009,40(9):21-23.
[83] 覃建华,肖晓春,潘一山,等.滑脱效应影响的低渗储层煤层气运移解析分析[J].煤炭学报,2010,35(4):619-622.
[84] 覃佐亚,蒋承林,李光,等.上行超长孔瓦斯压力测定方法的研究与应用[J].煤炭技术,2012,31(5):83-84.
[85] 唐洪俊,钟水清,徐永高,等.用不稳定试井确定气井产能方法的评价与研究[J].钻采工艺,2006,29(3):31-32.

[86] 唐巨鹏,潘一山,李成全,等.有效应力对煤层气解吸渗流影响试验研究[J].岩石力学与工程学报,2006,25(8):1563-1568.
[87] 田敏,赵永军,颛孙鹏程.灰色系统理论在煤层气含量预测中的应用[J].煤田地质与勘探,2008,36(2):24-27.
[88] 田树红,张乃禄,张宏,等.压力恢复法求渗透率影响因素分析[J].西安石油大学学报(自然科学版),2006,21(3):27-29,33.
[89] 童宪章.压力恢复曲线在油、气田开发中的应用[M].北京:石油工业出版社,1977.
[90] 童宪章,陈元千.利用压力恢复曲线确定油井控制储量的通式及其应用条件[J].石油学报,1981(1):49-56.
[91] 童云飞.石门(井筒)揭煤快速测压技术在潘一矿的实践[J].煤矿安全,2008,39(9):26-28.
[92] 王春光.聚氨酯在煤层孔测瓦斯压力中的应用[J].煤矿安全,2007,38(5):19-21.
[93] 王国际,岑培山,田坤云,等.上倾角含水瓦斯压力测压孔压力恢复曲线分析[J].煤炭科学技术,2010,38(3):52-54.
[94] 王宏图,杜云贵,鲜学福,等.地球物理场中的煤层瓦斯渗流方程[J].岩石力学与工程学报,2002,21(5):644-646.
[95] 王建涛,张前松.下向穿层钻孔瓦斯及水压力恢复曲线[J].煤,2015,24(3):21-23.
[96] 王锦云.压力恢复曲线数值模拟方法与初步应用[J].石油钻采工艺,1986(2):45-52.
[97] 王少清.我国石油储量增长特征及预测模型研究[D].北京:中国石油大学(北京),2012.
[98] 王延林,杨胜强,徐全.新型封孔技术在煤层瓦斯压力测定中的应用[J].煤矿安全,2009,40(5):15-18.
[99] 王耀祖.利用油井压力恢复曲线分析注水井注水强度变化及工作状况[J].石油勘探与开发,1982(2):73-81.
[100] 王佑安,朴春杰.用煤解吸瓦斯速度法井下测定煤层瓦斯含量的初步研究[J].煤矿安全,1981,12(11):8-13.
[101] 王佑安.煤矿安全手册[M].北京:煤炭工业出版社,1994.
[102] 王兆丰,董庆祥.煤层透气性系数测定方法的研究现状[J].煤矿安全,2015,46(6):16-19.
[103] 魏斌,袁冬蕊,魏小娥,等.长庆气田产能试井方法及压力恢复曲线分析[J].油气井测试,2002,11(1):17-20.
[104] 魏风清,闫刘强,张向阳,等.本煤层测压钻孔分段带压封孔法试验研究[J].煤炭工程,2011(6):85-87.
[105] 吴观茂,吴文金,黄明,等.影响煤层瓦斯赋存规律的多地质因素回归分析研究[J].煤炭工程,2007(11):79-82.
[106] 吴世跃.煤层瓦斯扩散与渗流规律的初步探讨[J].山西矿业学院学报,1994(3):259-263.
[107] 吴世跃,郭勇义.煤层气运移特征的研究[J].煤炭学报,1999,24(1):65-69.
[108] 吴世跃.煤层气与煤层耦合运动理论及其应用的研究:具有吸附作用的气固耦合理论

[D].沈阳:东北大学,2006.
[109] 吴世跃.煤层中的耦合运动理论及其应用:具有吸附作用的气固耦合运动理论[M].北京:科学出版社,2009.
[110] 吴水平.囊袋式注浆封孔法在煤矿瓦斯抽采封孔中的应用[J].中国煤炭,2010,36(6):98-99.
[111] 肖忠祥.数据采集原理[M].西安:西北工业大学出版社,2003.
[112] 谢广祥,胡祖祥,王磊.工作面煤层瓦斯压力与采动应力的耦合效应[J].煤炭学报,2014,39(6):1089-1093.
[113] 谢兴礼.打开程度不完善井压力恢复曲线整理方法[J].石油勘探与开发,1978(4):31-43.
[114] 徐春艳,华钢,刘晓东,等.基于MCGS组态软件的煤矿监控系统的研究[J].工矿自动化,2005,31(5):28-30.
[115] 徐东方,胡国纪,王兆丰.岩巷测压分段分时封孔法试验研究[J].煤矿安全,2008(11):8-10.
[116] 许彦鹏,吴宽,李进.穿含水层下向钻孔瓦斯压力测定技术研究[J].煤炭科学技术,2013,41(3):66-69.
[117] 颜爱华.煤层瓦斯含量多源数据分析及其预测研究[D].北京:中国矿业大学(北京),2010.
[118] 杨宏民,郭怀广,王兆丰.本煤层测压多级变径封孔试验研究[J].煤炭技术,2011,30(7):85-87.
[119] 杨宏民,王振亚,刘军.本煤层测压黄泥-聚氨酯快速封孔技术[J].煤矿安全,2012,43(9):63-64.
[120] 杨宏民,王兆丰.井下便携式煤层瓦斯含量快速测定仪的应用[J].煤炭科学技术,2013,41(9):159-162.
[121] 杨宁波,王兆丰.钻孔周围煤体中透气性的变化规律研究[J].煤炭技术,2008,27(12):67-69.
[122] 杨宁波.结合钻孔瓦斯压力恢复曲线计算煤层透气性系数的方法研究[D].焦作:河南理工大学,2009.
[123] 杨其銮,王佑安.煤屑瓦斯扩散理论及其应用[J].煤炭学报,1986(3):87-94.
[124] 杨其銮.关于煤屑瓦斯放散规律的试验研究[J].煤矿安全,1987(2):9-16.
[125] 杨天鸿,陈仕阔,朱万成,等.采空垮落区瓦斯非线性渗流-扩散模型及其求解[J].煤炭学报,2009,34(6):771-777.
[126] 杨天鸿,陈仕阔,朱万成,等.煤层瓦斯卸压抽放动态过程的气-固耦合模型研究[J].岩土力学,2010,31(7):2247-2252.
[127] 姚宇平.煤层瓦斯流动的达西定律与幂定律[J].山西矿业学院学报,1992,10(1):32-37.
[128] 叶青,林柏泉.灰色理论在煤层瓦斯含量预测中的应用[J].矿业快报,2006,22(7):28-30.
[129] 殷宏.胶囊—压力粘液封孔测定煤层瓦斯压力技术应用[J].煤,2008,17(9):

12-13,22.
[130] 尹光志,李小双,赵洪宝,等.瓦斯压力对突出煤瓦斯渗流影响试验研究[J].岩石力学与工程学报,2009,28(4):697-702.
[131] 尹光志,李铭辉,李文璞,等.瓦斯压力对卸荷原煤力学及渗透特性的影响[J].煤炭学报,2012,37(9):1499-1504.
[132] 应昕,徐联贵,梁岚珍.基于组态软件的棉纺厂温湿度监控系统开发[J].工业控制计算机,2005,18(8):76-77.
[133] 于不凡.煤矿瓦斯灾害防治及利用技术手册[M].北京:煤炭工业出版社,2000.
[134] 余楚新,鲜学福,谭学术.煤层瓦斯流动理论及渗流控制方程的研究[J].重庆大学学报(自然科学版),1989,12(5):1-10.
[135] 俞启香.矿井瓦斯防治[M].徐州:中国矿业大学出版社,1992.
[136] 张芬娜,綦耀光,刘冰,等.煤层气井关井井底压力恢复模型[J].煤矿开采,2012,17(5):7-10.
[137] 张福旺,范付恒,秦汝祥.囊袋式两堵一注封孔装置在顺层钻孔瓦斯抽采中的应用[J].煤炭工程,2013(11):57-59.
[138] 张国军,徐海涛.压力恢复测试在油田开发中的应用[J].石油仪器,2006(4):60-63.
[139] 张健,荣向东.瓦斯抽放钻孔封孔工艺改进及效果检测研究[J].煤炭工程,2012(10):33-35.
[140] 张群.煤层气储层数值模拟模型及应用的研究[D].西安:煤炭科学研究总院西安分院,2002.
[141] 张群,崔永君,钟玲文,等.煤吸附甲烷的温度-压力综合吸附模型[J].煤炭学报,2008,33(11):1272-1278.
[142] 张新民.中国煤层气地质与资源评价[M].北京:科学出版社,2002.
[143] 张许良,单菊萍,彭苏萍.瓦斯含量及涌出量预测的数学地质技术与方法[J].煤炭学报,2009,34(3):350-354.
[144] 张占存.压力恢复曲线测定煤层瓦斯赋存参数的试验研究[J].煤炭学报,2012,37(8):1310-1314.
[145] 张占存,贺振国,邹永洺,等.新型煤层瓦斯压力测定封孔技术[J].煤矿安全,2014,45(6):45-47,51.
[146] 张璋,何顺利.变形介质储层压力恢复试井曲线特征[J].重庆大学学报,2013,36(11):108-114.
[147] 张志刚,程波.考虑吸附作用的煤层瓦斯非线性渗流数学模型[J].岩石力学与工程学报,2015,34(5):1006-1012.
[148] 赵斌,王芝银,温声明,等.正交各向异性储层煤层气井合理井底压力研究[J].煤炭学报,2013,38(增刊2):353-358.
[149] 赵培华,刘曰武,鹿倩,等.煤层气井试井研究的意义[J].油气井测试,2010,19(6):1-5.
[150] 赵培华,刘曰武,鹿倩,等.煤层气测试方法的分析评价[J].油气井测试,2010,19(6):12-18.

[151] 赵全福. 我国煤炭工业安全生产现状和九十年代的安全未来[J]. 中国安全科学学报，1991，1(2)：3-9.
[152] 赵志根，唐修义. 对煤吸附甲烷的 Langmuir 方程的讨论[J]. 焦作工学院学报(自然科学版)，2002，21(1)：1-4.
[153] 郑万成，杨胜强，马伟. 影响煤层瓦斯压力测定的因素分析[J]. 煤矿安全，2009，40(4)：82-84.
[154] 中华人民共和国国家统计局. 2014 年国民经济和社会发展统计公报[DB/OL]. (2015-02-26)[2020-12-30]. http://www.stats.gov.cn/tjsj/zxfb/201502/t20150226_685799.html.
[155] 周福宝，李金海，昃玺，等. 煤层瓦斯抽放钻孔的二次封孔方法研究[J]. 中国矿业大学学报，2009，38(6)：764-768.
[156] 周世宁，孙辑正. 煤层瓦斯流动理论及其应用[J]. 煤炭学报，1965(1)：24-37.
[157] 周世宁. 从钻孔瓦斯压力上升曲线计算煤层透气系数的方法：相似理论和电子计算机在矿井瓦斯领域中的应用[J]. 中国矿业学院学报，1982(3)：8-15.
[158] 周世宁. 测定煤层瓦斯压力的新方法[J]. 煤矿安全，1983(9)：5-8.
[159] 周世宁，林柏泉. 煤层瓦斯赋存与流动理论[M]. 北京：煤炭工业出版社，1999.
[160] 朱兴珊. 煤层孔隙特征对抽放煤层气影响[J]. 中国煤层气，1996(1)：37-39.
[161] BERTARD C, BRUYET B, GUNTHER J. Determination of desorbable gas concentration of coal(direct method)[J]. International journal of rock mechanics and mining sciences & geomechanics abstracts, 1970, 7(1): 43-65.
[162] BICCHI A, RIZZINI S L, TONIETTI G. Compliant design for intrinsic safety: general issues and preliminary design [C]//Proceedings 2001 IEEE/RSJ International Conference on Intelligent Robots and Systems. Expanding the Societal Role of Robotics in the the Next Millennium, 2002.
[163] BRAVO M C. Effect of transition from slip to free molecular flow on gas transport in porous media[J]. Journal of applied physics, 2007, 102(7): 074905.
[164] CHEN X X, MA S Q, QI L M. Technique and experiment of active direct gas pressure measurement in coal roadway[J]. Journal of coal science and engineering (China), 2009, 15(2): 210-214.
[165] CHENG N S, HAO Z Y, TAN S K. Comparison of quadratic and power law for nonlinear flow through porous media[J]. Experimental thermal and fluid science, 2008, 32(8): 1538-1547.
[166] CUNNINGHAM R D, NELSON R G. A new method for determining a well's in-place hydrocarbons from a pressure buildup test [J]. Journal of petroleum technology, 1967, 19(7): 859-866.
[167] DARCY H. Les fontaines publiques de la ville de dijon[M]. [S. l. : s. n.], 1856.
[168] DIETZ D N. Determination of average reservoir pressure from build-up surveys[J]. Journal of petroleum technology, 1965, 17(8): 955-959.
[169] FEIT G N, MALINNIKOVA O N, ZYKOV V S, et al. Prediction of rockburst and

sudden outburst hazard on the basis of estimate of rock-mass energy[J]. Journal of mining science,2002,38(1):61-63.

[170] GAN H,NANDI S P,JR WALKER P L. Nature of the porosity in American coals [J]. Fuel,1972,51(4):272-277.

[171] HASAN A R,KABIR C S. Pressure buildup analysis: a simplified approach[J]. Journal of petroleum technology,1983,35(1):178-188.

[172] HU G Z,WANG H T,TAN H X,et al. Gas seepage equation of deep mined coal seams and its application[J]. Journal of China University of Mining and Technology (English edition),2008,18(4):483-487.

[173] JING L,HUDSON J A. Numerical methods in rock mechanics[J]. International journal of rock mechanics and mining sciences,2002,39(4):409-427.

[174] MATTHEWS C S,BRONS F,HAZEBROEK P. A method for determination of average pressure in a bounded reservoir[J]. Transactions of the AIME,1954,201: 182-191.

[175] MATTHEWS C S,RUSSELL D G. Pressure buildup and flow tests in wells[M]. [S. l. :s. n.],1967.

[176] MAVOR M J,PRATT T J,NELSON C R. Quantitative evaluation of coal seam gas content estimate accuracy[C]//Low Permeability Reservoirs Symposium,1995.

[177] MENG J Q,NIE B S,ZHAO B,et al. Study on law of raw coal seepage during loading process at different gas pressures[J]. International journal of mining science and technology,2015,25(1):31-35.

[178] MIAO X X,LI S C,HUANG X W,et al. Experimental study of seepage properties of non-darcy flow in granular coal gangues[J]. Journal of China University of Mining and Technology(English edition),2006,16(2):105-109.

[179] PARK J. Reservoir limit test on gas wells[J]. Journal of petroleum technology, 1962,14(6):613-619.

[180] PARK J. Reservoir limit test[J]. Oil and gas journal,1956,54(59):184-196.

[181] REDA D C. Slip-flow experiments in welded tuff: the Knudsen diffusion problem [M]//Coupled processes associated with nuclear waste repositories. Amsterdam: Elsevier,1987:485-493.

[182] SAGHAFI A,WILLAMS R J. 煤层瓦斯流动的计算机模拟及其在预测瓦斯涌出和抽放瓦斯的应用[J]. 煤矿安全,1988(4):22-23.

[183] SATTARL A,PUCHYR P J,BACHMAN R C. Partially decoupled modeling of hydraulic fracturing processes[J]. SPE production engineering,1990,5(1):37-44.

[184] SCOTT A R. Hydrogeologic factors affecting gas content distribution in coal beds [J]. International journal of coal geology,2002,50(1/2/3/4):363-387.

[185] STANISLAV J F,KABIR C S. Pressure transient analysis[M]. [S. l. :s. n.],1990.

[186] SZLAZAK J. The determination of a co-efficient of longwall gob permeability[J]. Archives of mining sciences,2001,46(4):451-468.

[187] WONG S K. Analysis and implications of in-situ stress changes during steam stimulation of cold lake oil sands[J]. SPE reservoir engineering,1988,3(1):55-61.

[188] WU Y S,PRUESS K,PERSOFF P. Gas flow in porous media with Klinkenberg effects[J]. Transport in porous media,1998,32(1):117-137.